改訂版 中学受験

アテナ進学ゼミ主宰
宮本 毅

＼ここで差がつく！／

ゴロ合わせ

で覚える

理科

100

＊この本には「赤色チェックシート」がついています。
＊この本は、小社より2011年に刊行された『中学受験 ここで差がつく！
　ゴロ合わせで覚える理科85』の改訂版です。

KADOKAWA

は じ め に

　受験勉強には、学習のコツや暗記するポイントというものが存在します。生徒さんや保護者の皆さんや多くの塾の先生は、「入試によく出ること」が、「受験勉強のポイント」であると考えています。

　もちろん「入試によく出ること」は受験生ならば必ずマスターしておかなければなりませんし、出題されやすい内容はある程度パターンが決まっているため、そこを学習しておけば点数は取れるようになります。「入試によく出ること」を暗記していくことは、入試という土俵に上がるための必要条件であり、基本事項の習得なくして、志望校に合格することはありえないといっても過言ではないでしょう。

　しかし、一方で「入試によく出ること」は、受験生みんなが勉強してきます。そのため、そこだけを一生懸命勉強しても大きな差がつくことはあまりありません。むしろ、「みんなが苦手とすること」「覚えにくいためにみんなが敬遠すること」こそ、入試において最も差がつく問題なのです。逆に言うと「みんなが苦手とすること」を攻略しさえすれば、それが入試において有利にはたらき、グッと皆さんを合格に近づけることは間違いありません。「みんなが苦手とすること」こそ「受験勉強のポイント」なのです。

　ところが、世に出ている多くの参考書は、あまりに多くの情報が盛り込まれすぎていて、どこが重要なのかがわかりにくいつくりになっています。そのため、参考書は何かわからないことが発生したときにそれを調べるためにはよいのですが、暗記事項を整理したり、点差がつきやすい「みんなが苦手とするこ

と」を学習することにはあまり向いていません。皆さんだって分厚い参考書をただ読んでいるだけでは、なかなか暗記が進まないでしょう？

そこで、本書では「入試で差がつく」ところにスポットライトを当て、「最低限コレだけは」という内容のみを掲載しました。もちろん「入試によく出ること」も網羅してありますので、暗記すべき内容はこれ一冊にすべてまとめてあります。

また、理科ではなかなかなかった暗記のコツを、「語呂合わせ」を中心に示してありますので、覚えにくかった理科の細かい知識も学習しやすいようになっています。もちろん全ての知識を「語呂合わせ」で覚える必要はありません。どうしても覚えられない理科の知識だけ、本書の「ゴロ合わせ」を活用すればよいのです。

さらに今回の増強版では、物理や化学分野の中の「計算単元」と呼ばれる項目についても網羅しました。つまり、理科の知識編だけではなく、理科全範囲をこれ一冊で学習できちゃいます！　すごい！

この本で理科の暗記事項をしっかりマスターして、理科でライバルたちに「差」をつけ、合格をガッチリもぎ取りましょう！

わしの言うとおりに
覚えれば
合格間違いなしじゃ！

Dr. G（爺）

本書の特長とその使い方

このテーマで
覚える内容と
その「覚え方」

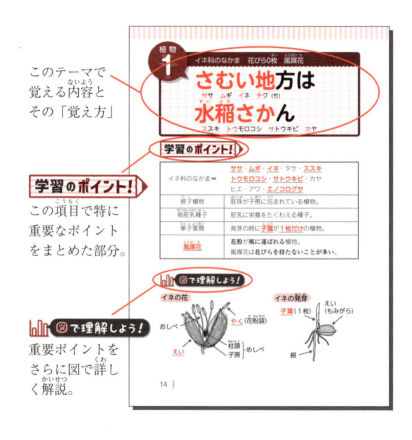

学習のポイント！

この項目で特に
重要なポイント
をまとめた部分。

図で理解しよう！

重要ポイントを
さらに図で詳し
く解説。

入試「これだけは！」

入試頻出事項に関しては特に出題されやすいポイントを図表で解説。

入試「これだけは！」

トウモロコシの花は、「お花（オスの花）」と「め花（メスの花）」に分かれて咲く。入試でもねらわれやすいのでしっかり覚えよう！

植物

関連事項を学んでおこう！

本項に関連する重要事項もプラスアルファで解説。

暗記のコツはコレだ！

★ イネ科の植物は花びらがないことが多い**風媒花**である。
　風媒花には、他に「**マツ**」「**スギ**」のなかまがある。
★ 葉が細長い**単子葉類**である。
★ イネ科のなかまには「**穀物**」と呼ばれる草本が多い。
★ **トウモロコシ**のようにお花・め花に分かれて咲くものもある。
★ 種子は胚乳に栄養をたくわえる（**有胚乳種子**）。
★ イネの花には花びらの代わりに「**えい**」がある。

植物 | 15

暗記のコツはコレだ！

最後に重点暗記項目をまとめてある。
最終チェックに使おう！

もくじ

🌱 植 物

🐰 動　物

👤 人体

🐟 地層

☀ 気 象

🪐 天 体

本文デザイン：「熊アート」
雲の衛星写真および天気図提供：(財)気象業務支援センター

イネ科のなかま　花びら0枚　風媒花

さむい地方は

サ サ　ム ギ　イ ネ　チ ク（竹）

水稲さかん

ススキ　トウモロコシ　サトウキビ　カヤ

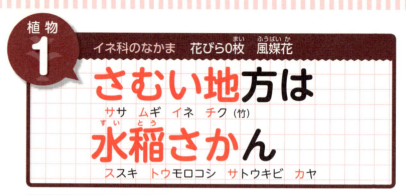

学習のポイント！

イネ科のなかま➡	**サ サ**・**ム ギ**・**イ ネ**・タケ・**ススキ** **トウモロコシ**・**サトウキビ**・カヤ ヒエ・アワ・**エノコログサ**
被子植物	胚珠が子房に包まれている植物。
有胚乳種子	胚乳に栄養をたくわえる種子。
単子葉類	発芽の時に**子葉**が**1枚だけ**の植物。
風媒花	**花粉**が**風に運ばれる**植物。 風媒花は**花びらを持たないことが多い。**

🗺で理解しよう！

イネの花

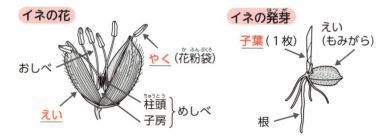

おしべ

やく（花粉袋）

えい

柱頭 } めしべ
子房

イネの発芽

子葉（1枚）

えい
（もみがら）

根

 入試「これだけは！」

　トウモロコシの花は、「お花(オスの花)」と「め花(メスの花)」に分かれて咲く。入試でもねらわれやすいのでしっかり覚えよう！

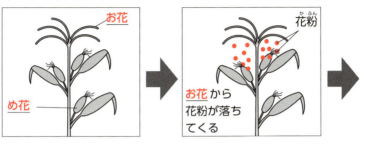

お花

花粉

め花

お花から
花粉が落ち
てくる

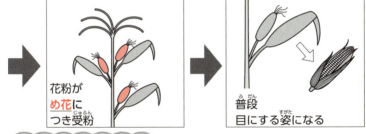

花粉が
め花に
つき受粉

普段
目にする姿になる

暗記のコツはコレだ！

★イネ科の植物は花びらがないことが多い**風媒花**である。
　風媒花には、他に「**マツ**」「**スギ**」のなかまがある。
★葉が細長い**単子葉類**である。
★イネ科のなかまには「**穀物**」と呼ばれる草本が多い。
★**トウモロコシ**のようにお花・め花に分かれて咲くものもある。
★種子は**胚乳**に栄養をたくわえる(**有胚乳種子**)。
★イネの花には花びらの代わりに「**えい**」がある。

ヒガンバナ科のなかま　ユリ科のなかま　虫媒花（ちゅうばい か）

たまにねアスパラ

タマネギ　ニラ　ニンニク　ネギ　アスパラ

冷やすとうまい

ヒヤシンス　スズラン

学習のポイント！

ヒガンバナ科のなかま ➡	タマネギ・ニラ・ニンニク・ネギ
ユリ科のなかま ➡	アスパラ・ヒヤシンス・スズラン チューリップ・ラッキョウ
被子植物（ひ し しょくぶつ）	胚珠（はいしゅ）が子房（し ぼう）に包まれている植物。
単子葉類	発芽の時に子葉が1枚だけの植物。
虫媒花（ちゅうばい か）	花粉が虫によって運ばれる植物。カラフルで、においを放つものが多い。

図で理解しよう！

ネギの花（ネギボウズ）

タマネギの断面図

たてに
切った時

横に
切った時

関連事項を学んでおこう！

　食用にする部位は植物によって違う！　入試でもよく出るので覚えておこう！

葉を食用にしている植物

ハクサイ
アブラナ科

キャベツ
アブラナ科

ネギ
ヒガンバナ科

タマネギ
ヒガンバナ科

レタス
キク科

ホウレンソウ
ヒユ科

※**タマネギ**は球根のように見えるけど、実は**葉を食べている**んだ！

※**カイワレ**は**ダイコン**の子葉と胚軸なのだ！

暗記のコツはコレだ！

★ユリ科の植物は**球根**をつくるなかまが多い。

★葉が細長い**単子葉類**である。

★**チューリップ**の花は、外側の**がく**が花びらのように変わっている。

★**タマネギ**は、鱗茎という**葉**を**食用**にしている。

★アヤメやヒガンバナは、ユリ科の親せきである。

アブラナ科のなかま　花びら4枚（まい）　がく4枚　虫媒花（ちゅうばいか）

アナタハカブキ

アブラナ　　ダイコン　　　カブ　　　　キャベツ
ナズナ　　　ハクサイ　　　ブロッコリー

ワカル？（外国人風に）

ワサビ　カリフラワー　カラシナ

学習のポイント！

アブラナ科のなかま➡	アブラナ・ナズナ・ダイコン ハクサイ・カブ・ブロッコリー キャベツ・ワサビ・カリフラワー カラシナ・コマツナ ※「野菜」と呼ばれる植物が多い。
被子植物（ひししょくぶつ）	胚珠（はいしゅ）が子房（しぼう）に包まれている植物。
無胚乳種子（むはいにゅうしゅし）	子葉に栄養をたくわえる種子。
双子葉類（そうしようるい）	発芽の時に子葉が2枚出る植物。
虫媒花（ちゅうばいか）	花粉が虫によって運ばれる植物。
完全花（かんぜんか）	1つの花の中に「おしべ」「めしべ」 「花びら」「がく」が全てそろっている。
花の特徴	花びらは4枚あり「十字花（じゅうじか）」と呼ばれる。 黄色の花が咲くものが多い。 花は下から順に咲いていく。 おしべは4本が長く2本が短い。
実の特徴	実が下からでき、種から油がとれる。
ロゼット葉（よう）	葉を地面に広げて冬越（ご）しをする。

入試「これだけは！」

　アブラナの花は入試でもとてもよくねらわれる。図でしっかり理解しよう！

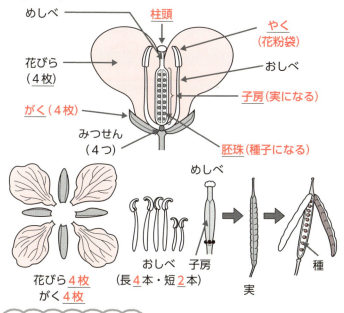

めしべ

柱頭

やく
（花粉袋）

花びら
（4枚）

おしべ

子房（実になる）

がく（4枚）

みつせん
（4つ）

胚珠（種子になる）

花びら4枚
がく4枚

めしべ

おしべ　子房
（長4本・短2本）

実

種

暗記のコツはコレだ！

★花びら・がくが4枚ずつあり「十字」になっている。

★花は下から順に咲き、実も下からできる。

★1つの花に花びら・がく・おしべ・めしべが全て
　そろっている「完全花」である。

★おしべは長いものが4本、短いものが2本ある。

★アブラナの種からは「なたね油」がとれる。

★葉を地面に広げた「ロゼット葉」で冬を越す。

植物 **4**

キク科のなかま　花びら5枚　合弁花

晴れた日に
ハルジオン　レタス　タンポポ　ヒマワリ
ゴキブリよく出る
ゴボウ　キク　ブタクサ　ヨモギ　ダリア

学習のポイント！

キク科のなかま➡	ハルジオン・レタス・タンポポ ヒマワリ・ゴボウ・キク・ブタクサ ヨモギ・ダリア・コスモス・オナモミ
合弁花	花びらが1枚にくっついている。
集合花	多くの花が集まり、1つの花に見える。
無胚乳種子	子葉に栄養をたくわえる種子。
ロゼット葉	葉を地面に広げて冬越しをする。

図で理解しよう！

セイヨウタンポポ

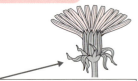

総苞片が反りかえっている
＝花粉が遠くまで飛びやすい

カントウタンポポ

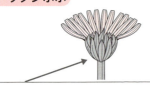

総苞片が反りかえっていない
＝花がすぼまっているため、
　花粉が遠くまで飛びにくい

入試「これだけは!」

　タンポポの花はとても特徴的だ！　入試にもよく出されるのでしっかり確認しておこう！

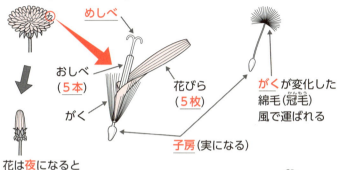

めしべ

おしべ
（5本）

がく

花びら
（5枚）

がくが変化した
綿毛（冠毛）
風で運ばれる

子房（実になる）

花は夜になると
閉じる

花が咲いて
いる時

花がしおれると
茎が寝てしまう

綿毛になって種を
飛ばす時、茎が高く
伸びる

暗記のコツはコレだ！

★キク科の植物は花がたくさん集まって1つの花に
　見える集合花である。

★5枚の花びらがくっついている合弁花である。

★花の下にはがくのように見える総苞片がある。

★セイヨウタンポポはカントウタンポポにくらべて、
　総苞片が反りかえっているため花粉が飛びやすい。

★葉を地面に広げた「ロゼット葉」で冬を越す。

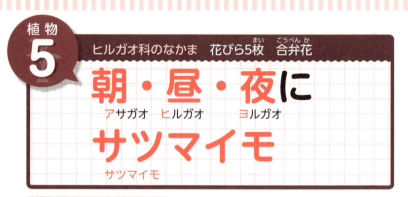

植物 **5**

ヒルガオ科のなかま　花びら5枚（まい）　合弁花（ごうべんか）

朝・昼・夜に
アサガオ　ヒルガオ　ヨルガオ
サツマイモ
サツマイモ

学習のポイント！

ヒルガオ科のなかま➡	アサガオ・ヒルガオ ヨルガオ・サツマイモ ※ユウガオは**ウリ科**
合弁花（ごうべんか）	花びらが**ラッパ状**にくっついている。
無胚乳種子（むはいにゅうしゅし）	**子葉**に栄養をたくわえる種子。
完全花	１つの花の中に「**おしべ**」「**めしべ**」 「**花びら**」「**がく**」が全てそろっている。
自家受粉（じかじゅふん）	花が開く時、１つの花の中でおしべと めしべがくっつき**自動的に受粉**する。

図で理解しよう！

アサガオの花

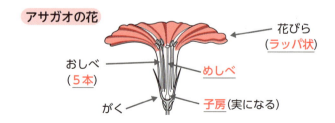

花びら
（ラッパ状）

おしべ
（5本）

めしべ

がく

子房（実になる）

入試「これだけは!」

アサガオは「花」以外にも「芽生え」「本葉のかたち」「つるの巻き方」「つぼみの巻き方」「種のかたち」など、いろいろな様子が入試でねらわれるから注意が必要だぞ!

アサガオの**子葉**

アサガオの**本葉**

アサガオのつぼみ

上から見て
右回り
(時計回り)

アサガオのつる

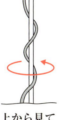

上から見て
左回り
(反時計回り)

アサガオの実と種子

実

種子

種子は半月状
下剤になる

暗記のコツはコレだ!

★花は**ラッパ状**にくっついている**合弁花**である。
★アサガオは**自家受粉**をする。
★アサガオのつぼみは**右巻き**、つるは**左巻き**である。
★本葉は先が3つにさけている特徴的なかたちである。
★アサガオは夏に花が咲く代表的な植物(季語は秋)。
★ユウガオは**ウリ科**の植物(間違えやすいので注意!)。

植物 **6**

ウリ科のなかま　花びら5枚(まい)　合弁花(ごうべんか)

胡**瓜**	西**瓜**	南**瓜**		
キュウリ	スイカ	カボチャ		
糸**瓜**	甜**瓜**	苦**瓜**	瓢簞	
ヘチマ	メロン	ゴーヤ(にがうり)	ヒョウタン	

>> 学習の**ポイント！**

ウリ科のなかま➡	**キュウリ・スイカ・カボチャ・ヘチマ** メロン・ゴーヤ・ヒョウタン・**ユウガオ**
合弁花(ごうべんか)	**5枚**の花びらが根元でくっついている。
無胚乳種子(むはいにゅうしゅし)	**子葉**に栄養をたくわえる種子。
単性花(たんせいか)	「**お花**」と「**め花**」に分かれて咲く。

>> 入試「これだけは！」

ウリ科の**め花**　　　　　　　　　ウリ科の**お花**

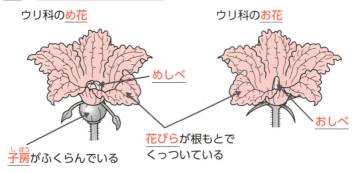

めしべ

おしべ

花びらが根もとで
くっついている

子房(しぼう)がふくらんでいる

24

ナス科のなかま　花びら5枚（まい）　合弁花（ごうべんか）

トウバンジャンで

トマト　トウガラシ　タバコ　ジャガイモ

マーボナス

ホオズキ　ナス

学習のポイント！

ナス科のなかま➡	トマト・トウガラシ・タバコ・ピーマン ジャガイモ・ホオズキ・ナス・パプリカ
双子葉類（そうしようるい）	発芽の時に**子葉**が**2枚**出る植物。
虫媒花（ちゅうばいか）	花粉が**虫**によって運ばれる植物。
合弁花	花びらは**5枚**あり、さかずき状にくっついている。

入試「これだけは！」

ジャガイモの発芽

サツマイモ（ヒルガオ科）の発芽

サツマイモの**芽**（め）は
いもが**茎**（くき）について
いた方から出る

ジャガイモの**芽**と**根**は
くぼみの同じところ
から出る

ジャガイモの
デンプンには
うずまき模様（もよう）
が見られる

根は芽とは
反対側から
出る

バラ科のなかま　花びら5枚（まい）　離弁花（りべんか）

ウメモモサクライチゴ春
秋冬おいしいナシリンゴ
ドライフルーツビワアンズ

チョコでおいしいアーモンド　赤い実つけるよナナカマド

学習のポイント！

バラ科のなかま➡	ウメ・モモ・サクラ・イチゴ・ナシ リンゴ・ビワ・アンズ・アーモンド ナナカマド・ヤマブキ・サンザシ ※「果物（くだもの）」と呼ばれる植物が多い。
離弁花（りべんか）	花びらが1枚1枚離（はな）れている。
完全花	1つの花の中に「おしべ」「めしべ」 「花びら」「がく」が全てそろっている。
花の特徴（とくちょう）	花びらは通常（つうじょう）5枚で、おしべは多数。

図で理解しよう！

サクラの芽

丸い方が花芽（かが）
（先に咲く）

細長い方が葉芽（ようが）
（花が咲いた後に開く）

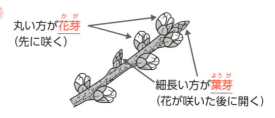

入試「これだけは！」

実（果実）を食用にしている植物

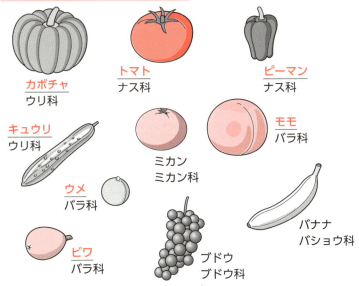

カボチャ
ウリ科

トマト
ナス科

ピーマン
ナス科

キュウリ
ウリ科

ミカン
ミカン科

モモ
バラ科

ウメ
バラ科

ビワ
バラ科

ブドウ
ブドウ科

バナナ
バショウ科

※**リンゴ・ナシ・イチゴ**などは「花(か)たく」という部分が変化して果実になるのだ！

暗記のコツはコレだ！

- ★バラ科の植物は果実を食べる「**果物**」が多い。
- ★バラ科は**おしべ**が多数あるのが特徴である。
- ★バラはがくも花びらのように変化しているため、花びらがたくさん（10枚）あるように見える。
- ★サクラの芽には「**花芽**」と「**葉芽**」の2種類ある。**花芽**が開いてから葉が開くものが多い。

マメ科のなかま　花びら5枚　離弁花

マメな

大豆(ダイズ)　小豆(アズキ)　ソラ豆　エンドウ豆

姉は白い服

アカシア　ネムノキ　ハギ　シロツメクサ　インゲン　フジ　クズ

学習のポイント！

マメ科のなかま➡	ダイズ・アズキ・ソラマメ・エンドウ アカシア・ネムノキ・ハギ・インゲン シロツメクサ(クローバー)・フジ・クズ
無胚乳種子	子葉に栄養をたくわえる種子。
離弁花	花びらが1枚1枚離れている。
完全花	1つの花の中に「おしべ」「めしべ」 「花びら」「がく」が全てそろっている。
花の特徴	花びらは通常5枚で、おしべは10本。

図で理解しよう！

エンドウの花

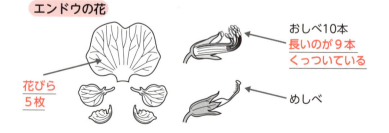

花びら
5枚

おしべ10本
長いのが9本
くっついている

めしべ

📝 入試「これだけは！」

　ダイズの種子は様々な食品に加工されている。入試でもよく出題されるのでしっかり確認(かくにん)しておこう！

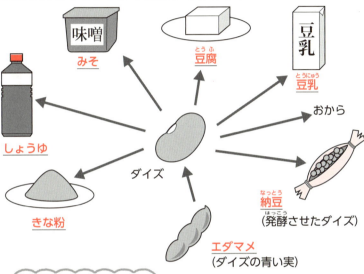

味噌 みそ

豆腐(とうふ)

豆乳(とうにゅう)

しょうゆ

ダイズ

おから

きな粉

納豆(なっとう)
（発酵(はっこう)させたダイズ）

エダメメ
（ダイズの青い実）

暗記のコツはコレだ！

★マメ科の植物は大きい<u>子葉</u>に栄養(たくわ)を蓄える<u>無胚乳種子</u>である。

★<u>ダイズ</u>や<u>インゲンマメ</u>は発芽の時に子葉が地上に出る。

★<u>アズキ・エンドウ・ソラマメ</u>は発芽の時に子葉が地中に残り、地上に出ない。

★花びらは<u>5枚</u>で１枚１枚が離れている<u>離弁花</u>である。

★１つの花に<u>花びら・がく・おしべ・めしべ</u>が全てそろっている「<u>完全花</u>」である。

★<u>エンドウ</u>はイネやタンポポと同様に<u>自家受粉</u>をする。

★茎(くき)は<u>つる性</u>で他の植物に巻きついて成長する。

マツ・スギのなかま　花びら0枚　風媒花　針葉樹

針葉樹の葉は

針葉樹は葉がまっすぐで細長い

まっすぐです

マツ　　　　スギ

学習のポイント！

マツのなかま➡	アカマツ・モミ・ヒマラヤスギ
ヒノキのなかま➡	ヒノキ・スギ・ヒバ・アスナロ
裸子植物	胚珠が子房に包まれていない植物。
多子葉類	発芽の時に子葉が多数出る植物。
風媒花	花粉が風に運ばれる植物。 風媒花は花びらを持たないことが多い。

図で理解しよう！

お花・め花に分かれて咲くのは裸子植物の特徴

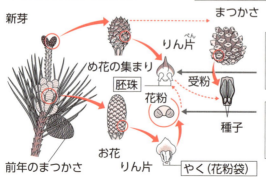

新芽

まつかさ

りん片

め花の集まり

胚珠

花粉

受粉

胚珠がむき出しになっている

種子

空気袋があり風によって運ばれやすい

前年のまつかさ

お花

りん片

やく（花粉袋）

植物 11 胞子でふえる植物

全員で笑いすぎて
ゼンマイ　ワラビ　スギナ(ツクシ)

こけそう
コケ類(ゼニゴケ・スギゴケ)　ソウ類(ワカメ・アオノリ)

学習のポイント！

胞子（ほうし）	花を咲かせない植物の新しいからだをつくるもと。一般（いっぱん）に種子とは区別される。
シダ植物	葉はたくさんの小葉（しょうよう）に分かれ、茎（くき）は地下にある。根はひげ根で地下茎（ちかけい）（ね）から生える。 ゼンマイ・ワラビ・スギナ(ツクシ)
コケ類	根・茎・葉の区別がない。 ゼニゴケ・スギゴケ・リトマスゴケ
ソウ類	水中で生活する。 コンブ・ワカメ・アオノリ・ミカヅキモ
菌類（きん るい）	キノコ類・カビなど。光合成（こうごうせい）はしない。

図で理解しよう！

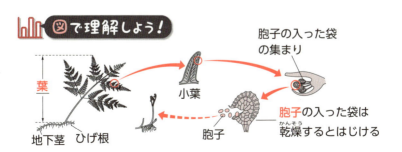

胞子の入った袋の集まり

小葉

葉

地下茎　ひげ根

胞子

胞子の入った袋は乾燥（かんそう）するとはじける

自家受粉する植物

ええ花開いたら
エンドウ　アサガオ　イネ　タンポポ

自家受粉
1つの花の中で受粉をおこなう

学習のポイント！

自家受粉する植物➡	**エンドウ・アサガオ・イネ・タンポポ**
自家受粉	花粉が**同じ花**のめしべの**柱頭**につき、1つの花の中で**受粉**が完了すること。
他家受粉	花粉が同じ種類の別の花の柱頭につき、受粉がおこなわれること。

図で理解しよう！

アサガオの受粉

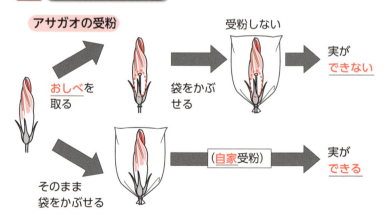

受粉しない

おしべを取る

袋をかぶせる

実ができない

そのまま袋をかぶせる

（自家受粉）

実ができる

表にまとめよう！

花粉の運ばれ方

花粉の運ばれ方にはいろいろなパターンがある。
表にまとめたのでしっかり覚えよう！

	虫媒花 （虫が運ぶ）	風媒花 （風が運ぶ）
花の特徴	花びらが**ある** においやみつがある	花びらが**ない**ことが多い
花粉の特徴	毛やとげがある ねばりけがある	軽くて飛びやすい 量が**多い**
代表例	**アブラナ・ヒマワリ** **アサガオ・ヘチマ** **バラ・チューリップ**	**イネ・ムギ・ササ** **トウモロコシ・ススキ** **スギ・マツ・イチョウ**

この他に**水媒花**（クロモ・イバラモなどの水生植物）、
鳥媒花（ツバキ・ウメなど）がある。

暗記のコツはコレだ！

- ★アサガオ・イネ・タンポポなどは**自家受粉**をする。
- ★あらかじめおしべを取り去った花に袋をかぶせると、受粉がおこなわれず、実を**つくらない**。
- ★自家受粉をする植物は他家受粉をおこなうこともある。
- ★虫が花粉を運ぶ植物を「**虫媒花**」という。
- ★**虫媒花**の花は**カラフル**で**みつ**や**におい**を持つものが多い。
- ★**風媒花**の花粉は空気中を大量に舞い、「**花粉症**」を引き起こすものがある。
- ★**風媒花**の花には**花びらがない**ことが多い。

お花・め花に分かれて咲く植物

くり松君と
クリ　マツ

加藤君
カキ　トウモロコシ　ウリ科の植物

学習のポイント！

お花・め花に分かれて咲く植物 ➡	クリ・マツ・カキ・トウモロコシ ウリ科の植物（ヘチマ・カボチャなど）
単性花（たんせいか）	おしべだけを持つ「お花」と、めしべだけを持つ「め花」に分かれて咲く。

図で理解しよう！

お花
花粉を落とす

トウモロコシの花

> トウモロコシは
> お花が上についていて
> め花は葉のつけ根にある

め花
受粉して
実をつける

暗記のコツはコレだ！

★め花のめしべの根もとには子房（しぼう）というふくらみがあり、受粉後ここがふくらんで果実（かじつ）となる。

★ウリ科の植物やトウモロコシなどは、1つの株（かぶ）に「お花」と「め花」を咲かせる雌雄同株（しゆうどうしゅ）の植物である。

お株(オスの木)・め株(メスの木)に分かれる植物

朝のきそ練
アサ　キウイ　ソテツ

いややなあ
イチョウ　ヤナギ　ヤマノイモ　アオキ

学習のポイント！

お株(オスの木)と
め株(メスの木)に　　➡　　アサ・キウイ・**ソテツ**・**イチョウ**
分かれる植物　　　　　　　**ヤナギ**・ヤマノイモ・アオキ

図で理解しよう！

イチョウのお花　　　　　　　　**イチョウのめ花**

おしべの
やく

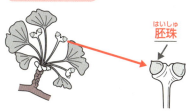

胚珠

暗記のコツはコレだ！

★裸子植物のうち**イチョウ**や**ソテツ**はオスの木とメスの
　木に分かれる。

★同じ裸子植物でも、**マツ・スギ**は１つの木の中に
　「お花」と「め花」を咲かせる**雌雄同株**の植物である。

単子葉類（たんしようるい）

梅雨の朝10時ねむい

ツユクサ　アヤメ　ササ　トウモロコシ　ネギ　ムギ　イネ

ユリちゃんにチュースキスキ

ユリ　　　　　　チューリップ　ススキ

学習のポイント！

単子葉類（たんしようるい）のなかま ➡	ツユクサ・アヤメ・ササ・トウモロコシ ネギ・ムギ・イネ・ユリ・チューリップ ススキ
単子葉類	芽生えの時に、子葉が1枚（まい）しか出ない。
双子葉類（そうしようるい）	芽生えの時に、子葉が2枚出る植物。
多子葉類	芽生えの時に、子葉が多数出る植物。

図で理解しよう！

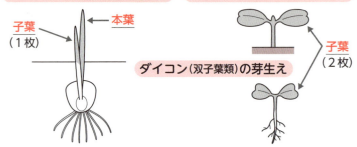

トウモロコシ（単子葉類）の芽生え

子葉（1枚）　　本葉

ホウセンカ（双子葉類）の芽生え

ダイコン（双子葉類）の芽生え

子葉（2枚）

入試「これだけは！」

単子葉類と双子葉類の特徴（とくちょう）は、特に出題頻度（ひんど）の高い項目（こうもく）だ！まとめて覚えておこう！

単子葉類

芽生え
（子葉1枚）

ひげ根

双子葉類

芽生え
（子葉2枚）

主根（しゅこん）

側根（そっこん）

主根と**側根**

師管（しかん）（外側）　道管（どうかん）（内側）

平行脈（みゃく）

道管（内側）

形成層（けいせいそう）　師管（しかん）（外側）

網状脈（もうじょうみゃく）

暗記のコツはコレだ！

★**イネ科**（イネ・ムギ・トウモロコシ）と**ユリ科**（ユリ・チューリップ）と**ヒガンバナ科**（ネギ）は単子葉類である。

★単子葉類の根は「**ひげ根**」、葉の**葉脈**は「**平行脈**（へいこうみゃく）」である。

★双子葉類の根は「**主根**（しゅこん）」と「**側根**（そっこん）」に分かれ、葉の葉脈は網目状（あみめ）の「**網状脈**（もうじょうみゃく）」、茎には「**形成層**（けいせいそう）」がある。

★茎（くき）では「**師管**（しかん）」は**外側**、「**道管**（どうかん）」は**内側**を通っている。

★多子葉類は**イチョウ・スギ・ソテツ・マツ**である。

植　物

植物

植物 16

多子葉類（たしようるい）

使用が多いと
子葉が多い

イスそまつ
イチョウ スギ ソテツ マツ

学習のポイント！

多子葉類のなかま➡	イチョウ・スギ・ソテツ・マツ
多子葉類	進化の過程が古いものが多い。 イチョウやソテツはお花だけを持つお株（かぶ）と、め花だけを持つめ株に分かれている。

図で理解しよう！

子葉がたくさんある

マツの芽生え

暗記のコツはコレだ！

★スギのなかまは風媒花（ふうばいか）のため、花粉が舞うので「花粉症（かふんしょう）」の原因となる。

★裸子植物（らし）の芽生えは子葉がたくさんある多子葉類である。

★マツはお花・め花に分かれて咲く植物である。

★イチョウやソテツはお株・め株に分かれて咲く。

子葉が地上に出ない植物

あ！ この子葉

アズキ

食えそうでない？

クリ　エンドウ　ソラマメ　子葉が出ない

学習のポイント！

子葉が地上に **出ない**植物 ➡	**アズキ**・クリ・**エンドウ**・**ソラマメ**
子葉が地上に **出る**植物 ➡	**ダイズ**・**インゲンマメ**とその他の植物

図で理解しよう！

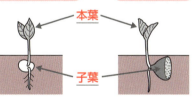

エンドウの芽生え　　クリの芽生え

本葉

子葉

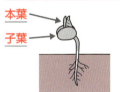

インゲンマメの芽生え

本葉

子葉

暗記のコツはコレだ！

★植物の多くは子葉が地上に出るが、マメ科の一部
（**アズキ**・**エンドウ**・**ソラマメ**）と**ブナ**科（クリ・カシ）
は地中に子葉を残す。

植物 18 無胚乳種子（むはいにゅうしゅし）

へたっぴあくま

ヘチマ　ダイコン　ヒマワリ　アサガオ　クリ　マメ

終始無敗

種子　　　無胚乳

学習のポイント！

有胚乳種子（ゆうはいにゅう）	胚乳部分に発芽のための栄養を蓄える（たくわ）種子のこと。
無胚乳種子（むはいにゅう）	胚乳部分を持たず、子葉（しよう）に栄養を蓄えている種子のこと。ヘチマ（ウリ科）・ダイコン（アブラナ科）・ヒマワリ（キク科）・アサガオ（ヒルガオ科）・クリ（ブナ科）・マメ科などがある。

図で理解しよう！

有胚乳種子

胚乳
子葉…地上に最初に出る葉
胚軸（はいじく）…将来、茎（くき）になる
胚
種皮（しゅひ）
幼根（ようこん）…将来、根になる

無胚乳種子

子葉
幼芽（ようが）
胚軸
幼根
胚
種皮

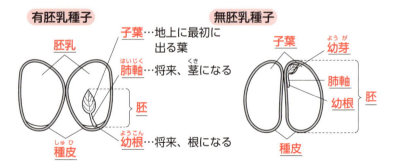

40

入試「これだけは!」

種子に蓄えられている栄養

・**デンプン**を多く蓄えている種子
　　……イネ・トウモロコシ・インゲンマメ
・**タンパク質**を多く蓄えている植物
　　……ダイズ・ソバ・ムギ・ソラマメ
・**脂肪**(しぼう)を多く蓄えている植物
　　……ゴマ・オリーブ・アブラナ・ヒマワリ・ラッカセイ

関連事項を学んでおこう!

植物の発芽条件

　植物が発芽するには、**水**・**空気(酸素)**・**適度な温度**(てきど)の3つの条件(じょうけん)が必要である。3つの条件がそろうと種子から子葉と根が出てくる。

植物の成長条件

　植物が発芽後、成長していくためには、上記3つの条件に加えて、**日光**・**肥料**(ひりょう)が必要となる。5つの条件がそろっていないと、成長が悪かったり枯れたり(か)してしまう。

暗記のコツはコレだ!

　★胚乳を持ち、栄養を胚乳に蓄えている種子を<u>有胚乳種子</u>という。
　★胚乳を持たず、栄養を<u>子葉</u>に蓄えている種子を<u>無胚乳種子</u>といい、<u>ヘチマ・ダイコン・ヒマワリ・アサガオ・クリ・マメ</u>などがある。
　★植物の発芽条件は<u>水</u>・<u>酸素</u>・<u>適温</u>の3つ
　★植物の成長条件は<u>水</u>・<u>酸素</u>・<u>適温</u>・<u>日光</u>・<u>肥料</u>の5つ

ロゼット葉で冬越しをする植物

アナタハイイ

アザミ　ナズナ　タンポポ　ハルジオン　イチゴ

オバマ

オオバコ　マツヨイグサ

学習のポイント！

ロゼット葉で冬越しをする植物➡	アザミ・**ナズナ**・**タンポポ**・**ハルジオン** **イチゴ**・**オオバコ**・**マツヨイグサ**
※**ヒメジョオン**はハルジオンと同じキク科だが、**一年草でロゼット葉にはならない。**	
ロゼット葉	地面に平たく広がった葉のこと。ロゼット葉をもつ植物は、野原のような広い場所で生育するのが特徴。

図で理解しよう！

タンポポの花

ロゼット葉

地上の茎が短く茎の途中に葉が見られないことが多い

葉は地表に放射状に広がる

関連事項を学んでおこう!

季節ごとの花

　どんな花がいつの季節に咲いているかは入試でも時々ねらわれる。注意しよう!

レンゲソウ　**カタクリ**　　**ツユクサ**　**ホウセンカ**

サクラ・アブラナ・ナズナ　　　アサガオ・オオバコ
タンポポ・ハルジオン　　　　　ヒマワリ・アジサイ
チューリップ　　　　　　　　　ダリア・マツバボタン

（春・夏・秋・冬）

ヒガンバナ　**キンモクセイ**　　**ヤツデ**　　**サザンカ**

ススキ・コスモス・キク　　　　冬の花はこの2つ
ハギ・キキョウ　　　　　　　　だけ暗記しよう!
　　　　　　　　　　　　　　　サザンカはツバキ科

暗記のコツはコレだ!

★キク科の越年草（えつねんそう）の多くはロゼット葉で冬越しをする。

★ハルジオンはロゼット葉で冬を越すが、ヒメジョオンは一年草のため冬越しをしない。

★ロゼット葉（ほうしゃじょう）は放射状に地面にはりつかせた葉のこと。

★冬に花を咲かせる植物として、ヤツデとサザンカだけを暗記する。

セリ　ナズナ　ゴギョウ　ハコベラ　ホトケノザ　スズナ　スズシロ、春の七草

学習のポイント！

春の七草	セリ・ナズナ・ゴギョウ ハコベラ・ホトケノザ（タビラコ） スズナ（カブ）・スズシロ（ダイコン） 七草がゆというおかゆにして食べる。

図で理解しよう！

スズナ
（カブ）

スズシロ
（ダイコン）

暗記のコツはコレだ！

★ナズナ・カブ・ダイコンはアブラナ科である。

★ナズナはペンペン草とも呼ばれる。

秋の七草

ハスキーな
ハギ　ススキ　キキョウ　ナデシコ

クフ王
クズ　フジバカマ　オミナエシ

学習のポイント!

秋の七草	**ハギ・ススキ・キキョウ・ナデシコ** **クズ・フジバカマ・オミナエシ** 山上憶良が詠んだ和歌から、秋の**観賞用**植物を「秋の七草」と呼ぶようになった。

図で理解しよう!

ハギ

クズ

暗記のコツはコレだ!

★ハギが咲く頃に食べるあんころもちを**おハギ**という
（同じものを春には「**ボタもち**（牡丹もち）」という）。

★「**クズもち**」はクズの根からとった**デンプン**でつくる。

いんせい
陰生植物・陰樹

陰から
かげ

陰生植物

あやしいヤツかしら？

アオキ ヤブラン シイ ヤツデ カシ

学習のポイント！

陰生植物 いんせい	光があまり当たらないところでもよく 育つ植物（陰樹）。 いんじゅ **アオキ・ヤブラン・シイ・ヤツデ・カシ**
陽生植物 ようせい	日光がよく当たるところでないと よく育たない植物（陽樹）。 ようじゅ **ススキ・タンポポ・クヌギ・アカマツ**

関連事項を学んでおこう！

光の量と光合成

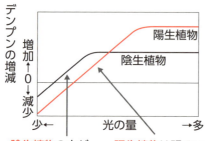

デンプンの増減

増加←0→減少

少← 光の量 →多

陽生植物

陰生植物

陰生植物の方が
暗いところでも
生育できる

陽生植物は明るいところでないと
育たないが、明るいところでの
光合成量の増加が大きい

📊 図で理解しよう！

一本立ちの木と森林の木の葉のつき方の違い

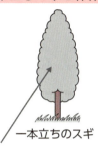

森林のはしは
光が当たるため
葉はよくしげる

一本立ちのスギ
光がまんべんなく当たる
ので全体に葉をつける

森林の中のスギ
森林内は暗いため
葉をほとんどつけない

📝 入試「これだけは！」

森林は次のようなプロセスを経て変化していく

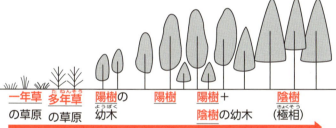

一年草　多年草　陽樹の　陽樹　陽樹＋　陰樹
の草原　の草原　幼木　　　　　陰樹の幼木　（極相）

年月が経つにつれ、このように変化する

暗記のコツはコレだ！

★陰生植物は光の量が少ないところでも育つことが
　できるため、森林の極相になりやすい。

★森林の中は光が当たらないので、樹木は葉をあまり
　つけない（大きな空間ができる）。

常緑樹（緑色の葉をつけて冬を越す植物）

クマのヤツ

クスノキ　マツ　ヤツデ　ツバキ

サーカスに出る

サザンカ　カシ　スギ

学習のポイント！

常緑樹 （じょうりょくじゅ）	冬でも緑色の葉をつけている樹木。 クス・マツ・ヤツデ・ツバキ・サザンカ カシ・スギ・ヒノキ
落葉樹 （らくようじゅ）	冬になると全ての葉を落とす樹木。 葉が黄色や赤に変化するものが多い。
黄葉（こうよう）する樹木	イチョウ・ポプラ・ケヤキ
紅葉（こうよう）する樹木	サクラ・カエデ（モミジ）・ツタ

図で理解しよう！

冬芽（とうが）で冬越（ふゆご）し　　地下の根で冬越し　　地下の茎（地下茎）で冬越し

丸い方が
花芽 →

細長い方が
葉芽

サクラの冬芽

サクラ・コナラ
モクレン

サツマイモ・
ダリア

ハス・ジャガイモ・
サトイモ

植物 24

植物の呼吸と光合成

高校生は炭酸水

光合成は二酸化炭素(炭酸ガス)と水を吸収し

日光浴びてもうええさ

光エネルギーを使って栄養をつくり酸素を放出

学習のポイント!

呼吸	栄養と酸素から生きるための生命エネルギーをつくるはたらきのこと。その結果できた二酸化炭素と水は気孔から排出される。
光合成	光エネルギーを利用して、二酸化炭素と水からでんぷんなどの養分と酸素をつくるはたらきのこと。植物の葉緑体でおこなわれる。

図で理解しよう!

光合成に必要なものを調べる実験

二酸化炭素をとりのぞく

ふの部分

C

アルミはく

A

B

二酸化炭素で満たす

ヨウ素液につける

A   B   C

ヨウ素反応により青紫色に変色

A：二酸化炭素がないのででんぷんができず、ヨウ素液につけても青紫色にならない

B：光合成によりでんぷんができる

C：ふの部分には葉緑体がないので光合成は起こらない。アルミはくをかぶせると日光が当たらないので光合成は起こらない。

お嬢さん今日は気候が

蒸散（じょうさん）は気孔（きこう）から

うららかですね

気孔は葉の裏（うら）側に多い

学習のポイント！

蒸　散	葉や茎（くき）から水蒸気（すいじょうき）を放出する作用。 ① **体内の水分量を調節**するはたらき ② 根からの水分吸収量（きゅうしゅうりょう）の調節のはたらき ③ 植物の**体温調節**（たいおんちょうせつ）のはたらき 気温が高く空気が乾燥（かんそう）している時に さかんにおこなわれる。 気孔（きこう）の数は　葉の**裏**＞葉の**表**＞**茎**

図で理解しよう！

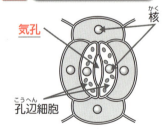

気孔

核（かく）

孔辺細胞（こうへん）

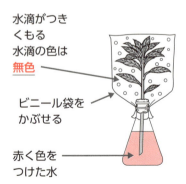

水滴がつき
くもる
水滴の色は
無色

ビニール袋を
かぶせる

赤く色を
つけた水

入試「これだけは！」

　蒸散の計算問題はよく出題されるので、しっかり確認しておこう！

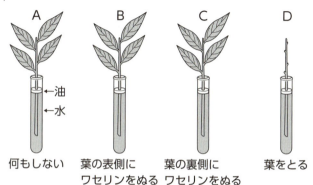

A	B	C	D
←油 ←水			
何もしない	葉の表側にワセリンをぬる	葉の裏側にワセリンをぬる	葉をとる

葉の裏・表、茎から蒸散 / 葉の裏、茎から蒸散 / 葉の表、茎から蒸散 / 茎だけから蒸散

　葉の裏からの蒸散量＝A－C　または　B－D
　葉の表からの蒸散量＝A－B　または　C－D

暗記のコツはコレだ！

★体内の水分量調節や体温調節のためにも蒸散をおこなう。
★葉の表面には気孔と呼ばれる穴があいている。
★蒸散量は葉の裏側が最も多く、次いで葉の表側、茎という順に少なくなっていく。
★蒸散の実験で葉の表面にワセリンをぬるのは、そこからの蒸散をおさえるため（記述問題がよく出る！）。
★蒸散の実験で水面に油を浮かべるのは、水面からの自然蒸発を防ぐため（記述問題がよく出る！）。

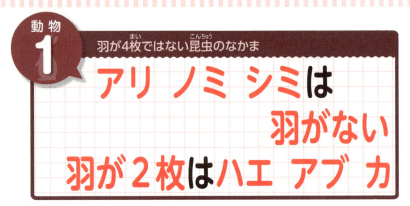

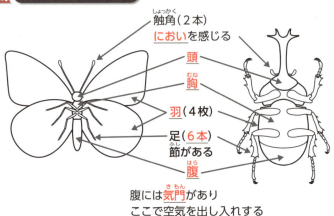

羽が4枚ではない昆虫のなかま

アリ ノミ シミは 羽がない 羽が2枚はハエ アブ カ

学習のポイント！

羽が2枚だけの昆虫 ➡	ハエ・アブ・カ
羽を持たない昆虫 ➡	はたらきアリ・ノミ・シミ

※昆虫の通常の羽の枚数は4枚

図で理解しよう！

触角（2本）
においを感じる

頭

胸

羽（4枚）

足（6本）
節がある

腹

腹には気門があり
ここで空気を出し入れする

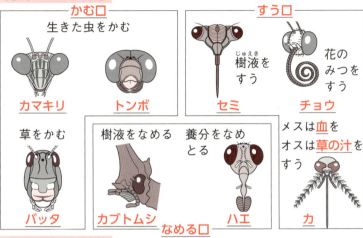

関連事項を学んでおこう！

昆虫の口のかたち

かむ口

生きた虫をかむ

カマキリ　　トンボ

草をかむ

バッタ

樹液をなめる

カブトムシ

なめる口

養分をなめ
とる

ハエ

すう口

樹液をすう（じゅえき）

セミ

花の
みつを
すう

チョウ

メスは血を
オスは草の汁を
すう

カ

昆虫の足のかたち

とび
はねる

バッタ

虫を
つかまえる

カマキリ

水中を
泳ぐ

ゲンゴロウ

木に
よじ登る

カブトムシ

土をほる

セミの幼虫（ようちゅう）

暗記のコツはコレだ！

★昆虫のからだは「頭」「胸」「腹」に分かれる。

★足6本と羽は「胸」についている。

★はたらきアリはメスのみで、羽がない。

★シミ・トビムシは幼虫・成虫の区別がない無変態（むへんたい）である。

★アリ・ノミはさなぎの時期を持つ完全変態（かんぜんへんたい）である。

さなぎの時期がある昆虫（完全変態）

さなぎの手紙は

ノミ　テントウムシ　ガ　ミズスマシ　ハエ　ハチ

超赤い

チョウ　アリ　アブ　カ　カブトムシ　カイコガ

学習のポイント！

完全変態	さなぎの時期がある昆虫の成長のしかた。 卵→幼虫→さなぎ→成虫 の順に成長する。 幼虫と成虫の食べ物が違うものが多い。 ノミ・テントウムシ・ガ・ミズスマシ ハエ・ハチ・チョウ・アリ・アブ・カ カブトムシ・カイコガ

入試「これだけは！」

モンシロチョウの一生

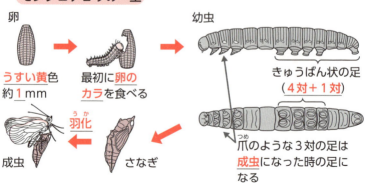

卵

うすい黄色
約1mm

最初に卵の
カラを食べる

幼虫

きゅうばん状の足
（4対＋1対）

羽化

成虫

さなぎ

爪のような3対の足は
成虫になった時の足に
なる

📊 図で理解しよう！

アゲハ
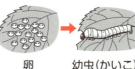

卵（1mm）　　　幼虫　　　5齢幼虫　　　さなぎ　　　成虫

カイコガ
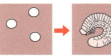

卵　　　幼虫（かいこ）　　　さなぎ（まゆ）　　　成虫

カブトムシ

卵（土の中）　幼虫（土の中）　さなぎ（土の中）　　　成虫

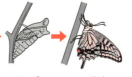

動物

📚 関連事項を学んでおこう！

昆虫の冬越し

卵………**カマキリ・バッタ・コオロギ・オビカレハ**

幼虫……**カブトムシ・ミノガ**・セミ・トンボ

さなぎ…**モンシロチョウ・アゲハチョウ**

成虫……**テントウムシ・キチョウ・ミツバチ**・ゲンゴロウ

暗記のコツはコレだ！

★さなぎの時期がある昆虫の成長を「**完全変態**」という。

★完全変態の昆虫はさなぎの時期を経て成虫となるため
幼虫と成虫で**体のつくり**や**食べ物**が違う場合が多い。

★ウスバカゲロウの幼虫を**アリジゴク**という。

★カの幼虫は**ボウフラ**といい、**水中**で生活する。

さなぎの時期がない昆虫（不完全変態）

飛ばすぜゴキブリ

トンボ　バッタ　スズムシ　セミ　ゴキブリ

カキクケコ

カマキリ　カゲロウ　カメムシ　キリギリス
クツワムシ　ケラ　コオロギ

学習のポイント！

不完全変態	さなぎの時期のない昆虫の成長のしかた。 卵→幼虫→成虫　の順に成長する。 幼虫と成虫の食べ物が同じものが多い。 トンボ・バッタ・スズムシ・セミ ゴキブリ・カマキリ・カゲロウ・カメムシ キリギリス・クツワムシ・ケラ・コオロギ

図で理解しよう！

スズムシ

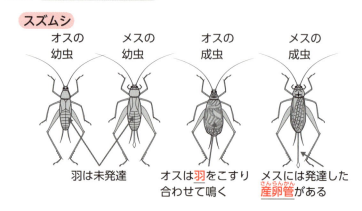

オスの幼虫	メスの幼虫	オスの成虫	メスの成虫
羽は未発達		オスは羽をこすり合わせて鳴く	メスには発達した産卵管がある

 表にまとめよう！

昆虫の食べ物一覧表

幼虫と成虫で食べ物が違う昆虫は要チェック！

昆虫の名前	幼虫の食べ物	成虫の食べ物
モンシロチョウ	キャベツなどの**アブラナ科**の葉	花のみつ
アゲハチョウ	**ミカン・サンショウ カラタチ**などの葉	花のみつ
カブトムシ	腐葉土（落ち葉が腐ったもの）	**クヌギ**などの樹液
テントウムシ	**アブラムシ**（アリマキ）	
カ	水中のプランクトン	オス：**草の汁** メス：**動物の血**
トンボ	小魚やオタマジャクシ（トンボの幼虫を**ヤゴ**という）	飛んでいる虫
セミ	木の根の汁	木の幹の汁

幼虫と成虫の生活場所が同じバッタやコオロギなどは、幼虫と成虫が同じものを食べる。

暗記のコツはコレだ！

★さなぎの時期がない昆虫の成長を「**不完全変態**」という。

★多くの**不完全変態**をする昆虫は幼虫と成虫で**体のつくりや食べ物が同じ**である。

★**セミ・コオロギ・スズムシ**など鳴く昆虫が多い。

★トンボの**幼虫**は**ヤゴ**といい、**水中**で生活する。

油は**ジリジリ**にえたぎる

アブラゼミは**ジリジリ**と鳴く

いけしゃあしゃあと**クマ**が出る

クマゼミは**シャアシャア**と鳴く

学習のポイント！

ミンミンゼミ	暑さに弱い。ミーンミンミンと鳴く。
アブラゼミ	茶色い羽が特徴。ジーリジリジリと鳴く。
クマゼミ	温暖な地域に多い。シャアシャアと鳴く。
ヒグラシ	晩夏の日暮れにケケケケケケと鳴く。
ツクツクボウシ	最初「ジー…ツクツクツク…ボーシ！」と始まり、「ウイヨース！」を数回繰り返して、「ジー…」と鳴き終わる。

※セミは**腹**を振動させて鳴く。鳴くのは**オス**のみ。

図で理解しよう！

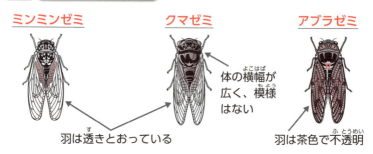

ミンミンゼミ　　クマゼミ　　アブラゼミ

体の横幅が広く、模様はない

羽は透きとおっている

羽は茶色で不透明

秋の昆虫の鳴き声

くつはガチャガチャクツワムシ

クツワムシはガチャガチャと鳴く

スイッチオンで馬を追う

ウマオイはスイッチョンと鳴く

学習のポイント!

エンマコオロギ	コロコロリーリーと鳴く。
スズムシ	リーンリーンと鳴く。
マツムシ	チンチロチンチロと鳴く。
キリギリス	チョンギースと鳴く。
クツワムシ	ガチャガチャガチャと鳴く。
ウマオイ	スーイッチョンと鳴く。

※秋の虫は羽をこすり合わせて鳴く。鳴くのはオスのみ。

図で理解しよう!

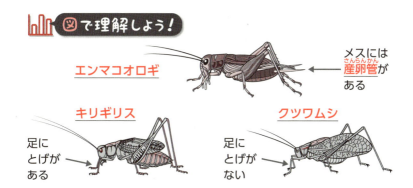

エンマコオロギ

メスには
産卵管が
ある

キリギリス

足に
とげが
ある

クツワムシ

足に
とげが
ない

クモのなかまは

クモ類

草が大きらい

クモ　サソリ　ダニ　草きらい＝肉食

| クモ類 | 昆虫と同じ節足動物（せっそくどうぶつ）のなかま。
からだは「頭胸部（とうきょうぶ）」と「腹部（ふくぶ）」に分かれる。
頭胸部から足が8本出ている。
目は単眼（たんがん）が8個あり、触角（しょっかく）は持たない。
クモ・サソリ・ダニ |

図で理解しよう！

クモの代表例

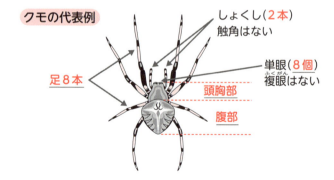

しょくし（2本）
触角はない

単眼（8個）
複眼（ふくがん）はない

足8本

頭胸部

腹部

動物 7

エビやカニのなかま（甲殻類）

エビ団子と
エビ　ダンゴムシ（ワラジムシ）

カニみそはこう書く
カニ　ザリガニ　ミジンコ　甲殻類（こうかくるい）

動物

学習のポイント！

甲殻類	昆虫と同じ**節足動物**のなかま。 からだは「頭胸部」と「腹部」に分かれる。 エビは4本の触角と2個の複眼を持つ。 水にすむ甲殻類には「**エラ**」がある。 頭胸部から**足が10本**出ている。 **エビ・ダンゴムシ**・ワラジムシ・**カニ** **ザリガニ・ミジンコ**・フナムシ ※ダンゴムシの足は**14本**。 足が多数ある。　**ムカデ・ヤスデ・ゲジ**

図で理解しよう！

エビの代表例

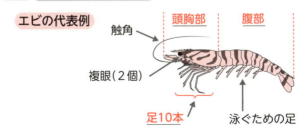

頭胸部　腹部

触角

複眼（2個）

足10本

泳ぐための足

メダカのひれは

メダカのひれの枚数は合計

ラッキーセブン

7枚(胸びれ・腹びれ2枚、背びれ・しりびれ・尾びれ1枚)

学習のポイント！

メダカの体	胸びれと腹びれは2枚ずつ。 背びれ・しりびれ・尾びれは各1枚。 オスは背びれに切れ込みがあり、 しりびれは平行四辺形をしている。 魚類はエラで呼吸をする。

図で理解しよう！

オス

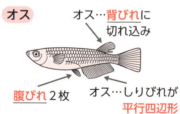

オス…背びれに
切れ込み

腹びれ2枚

オス…しりびれが
平行四辺形

メス

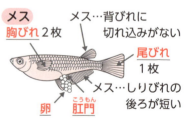

胸びれ2枚

メス…背びれに
切れ込みがない

尾びれ
1枚

卵

肛門

メス…しりびれの
後ろが短い

卵

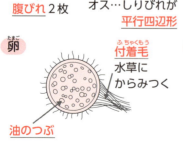

付着毛
水草に
からみつく

油のつぶ

ち魚

腹に卵黄(栄養)

📚 関連事項を学んでおこう！

食物連鎖

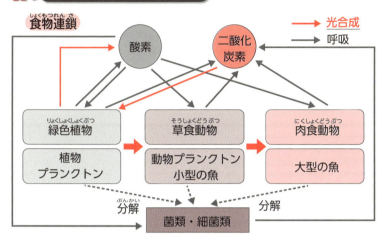

光合成
呼吸

酸素
二酸化炭素

りょくしょくしょくぶつ
緑色植物

そうしょくどうぶつ
草食動物

にくしょくどうぶつ
肉食動物

植物プランクトン

動物プランクトン
小型の魚

大型の魚

ぶんかい
分解

分解

菌類・細菌類

動物

生態系ピラミッド

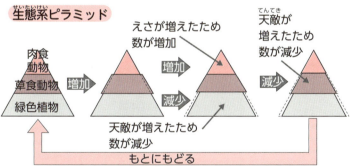

えさが増えたため
数が増加

てんてき
天敵が
増えたため
数が減少

肉食動物
草食動物
緑色植物

増加

増加

減少

減少

天敵が増えたため
数が減少

もとにもどる

暗記のコツはコレだ！

★メダカのひれの数は**合計7枚**である。

★メダカのオス・メスは**背びれ**と**しりびれ**で**区別**する。

★メダカのち魚は腹に**卵黄**を持っている。

★水温 **25℃** くらいで、メダカは卵を最もよく産む。

おたまはうしろを

オタマジャクシ　うしろ足から出て

振りカエル

カエルになる

学習のポイント！

ヒキガエル	茶色っぽい皮膚（ひふ）に、多数のとっきを持つ。とっきからは有毒（ゆうどく）な液体（えきたい）を出す。ガマガエル・イボガエルなどと呼ばれる。3月〜5月頃、<u>ゼリー状の細長い</u>ひものようなものの中に約 8000 個の卵（たまご）を産む。
トノサマガエル	緑色の皮膚に黒い斑紋（はんもん）を持つ。体表はなめらか。4月〜6月に 1800 個〜 3000 個の<u>ひとかたまり</u>の卵を産む。
変温動物（へんおん）	カエルのなかまは体温を一定に保つことができず、周囲の気温の変化によって**体温が変化**してしまう。このような動物を<u>変温動物</u>という。冬は体温が上がらずに活動できないため、地中でじっとしている。これを<u>冬眠</u>（とうみん）という。

カエルの卵

ヒキガエル

トノサマガエル

図で理解しよう！

カエルの育ち方

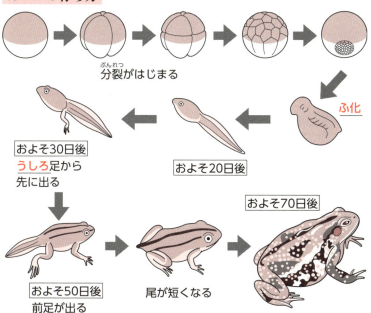

分裂がはじまる

ふ化

およそ30日後
うしろ足から
先に出る

およそ20日後

およそ70日後

およそ50日後
前足が出る

尾が短くなる

関連事項を学んでおこう！

かいぼう顕微鏡

レンズ

調節ねじ

ステージ

反射鏡

双眼実体顕微鏡

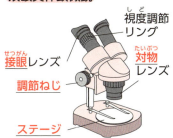

視度調節
リング

接眼レンズ

対物
レンズ

調節ねじ

ステージ

動 物

動　　物 | 65

藻や草がつくプランクトンは

ミカヅキモ　クンショウモ　イカダモ　ケイソウ　アオミドロ

光合成をおこなう

植物プランクトン　光合成をおこなう

学習のポイント！

植物プランクトン	葉緑体(ようりょくたい)を持ち光合成をおこなう。 ミカヅキモ・クンショウモ・イカダモ ケイソウ・アオミドロ・ツヅミモ
動物プランクトン	自分で動くことができる。 ミジンコ・ケンミジンコ・アメーバ ワムシ・ゾウリムシ・ツリガネムシ

関連事項を学んでおこう！

顕微鏡(けんび)の使い方

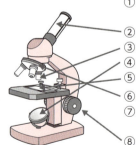

① 顕微鏡を直射日光の当たらない水平な場所に置く。
② 接眼レンズを取り付ける。
③ 対物レンズを取り付ける。
④ 反射鏡を動かし視野を明るくする。
⑤ プレパラートをステージに乗せる。
⑥ レボルバーを回し低倍率(ていばいりつ)にする。
⑦ 横から見ながら対物レンズをプレパラートに近づける。
⑧ 調節ネジを回してピントを合わせる。

顕微鏡の倍率＝接眼レンズの倍率　×　対物レンズの倍率

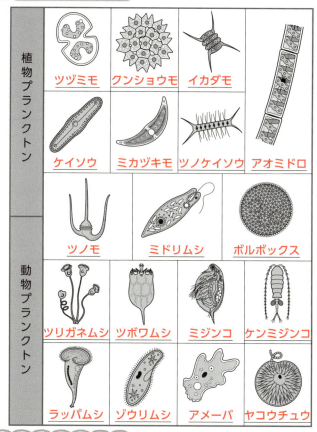

植物プランクトン	ツヅミモ	クンショウモ	イカダモ	
	ケイソウ	ミカヅキモ	ツノケイソウ	アオミドロ
	ツノモ	ミドリムシ	ボルボックス	
動物プランクトン	ツリガネムシ	ツボワムシ	ミジンコ	ケンミジンコ
	ラッパムシ	ゾウリムシ	アメーバ	ヤコウチュウ

暗記のコツはコレだ！

★ 動物プランクトンは自分で動ける。

★ 植物プランクトンは葉緑体を持ち、光合成をする。

★ ツノモやミドリムシは自分で動けて、光合成もする。

動物

恒温動物

恒温動物は

歩調を合わす

木乳類　鳥類

学習のポイント！

せきつい動物 ➡	背骨を持つ動物のこと。
魚類	**ウロコを持ち、エラで呼吸をする。** メダカ・サメ・ウナギ・タツノオトシゴ
両生類	**子はエラ呼吸、親は肺呼吸をする。** カエル・イモリ・オオサンショウウオ
八虫類	**地をはいながら移動する。** カメ・ヤモリ・ヘビ・ワニ
鳥類	**からだが羽毛でおおわれ、翼を持つ。** ハト・ワシ・ニワトリ・ペンギン
木乳類	**卵を産まずに子を産む（胎生）。** ウマ・ネコ・カバ・クジラ・コウモリ

無せきつい動物 ➡	背骨を持たない動物のこと。
節足動物	**昆虫**類・**クモ**類・**甲殻**類・**多足**類
軟体動物	**イカ**・**タコ**・**カイ**・カタツムリ
環形動物	ミミズ・ゴカイ・ヒル
キョク皮動物	ヒトデ・ナマコ・ウニ
刺胞動物	クラゲ・イソギンチャク・サンゴ

表にまとめよう！

せきつい動物の特徴をまとめておこう！

種類\特徴	魚類	両生類		ハ虫類	鳥類	ホ乳類
呼吸法	エラ呼吸	子	親	肺呼吸		
生活場所	水中			陸上		
体温	変温動物（周囲の環境によって変化する）			恒温動物（一定で変化しない）		
体の表面	うろこ	粘膜		うろここうら	羽毛	毛
受精のしかた	体外受精			体内受精		
産まれ方	卵生(水中)			卵生(陸上)		胎生
卵の表面	膜	寒天質		カラを持つ		
子の育て方	親は子の世話をしない				エサを与える	乳を与える

暗記のコツはコレだ！

★鳥類とホ乳類は体温が一定で変化しない恒温動物である。

★ホ乳類は卵を産まず、子を産む胎生である。

★カモノハシとハリモグラはホ乳類だが卵を産む。

★陸上で卵を産む鳥類とハ虫類は卵の表面が硬いカラ。

★イモリ（井守）は両生類、ヤモリ（家守）はハ虫類である。

かっこいい夏
カッコウ　ツバメ　夏鳥

ほっとこう
ホトトギス

学習のポイント！

夏　鳥 （なつどり）	春から夏にかけて南の地方から北上し、**日本で夏を過ごし**、秋に南下していく鳥。 カッコウ・ツバメ・ホトトギス
冬　鳥 （ふゆどり）	秋から冬にかけて北の地方から南下し、**日本で冬を過ごし**、春に北上していく鳥。 ガン・白鳥・カモ・ツル

図で理解しよう！

⟶ 冬鳥

⟶ 夏鳥

⟶ 旅鳥（たびどり）
　渡りの途中で
　日本に立ち寄る鳥
　シギ・チドリ

※スズメやカラスのように
　ずっと日本にいる鳥を
　留鳥（りゅうちょう）という

 入試「これだけは!」

鳥のくちばしと足のかたち

 カモ

水面近くの藻や種子などを食べる

 ヤマセミ

川の近くの木からダイビングして魚を捕らえる

 ツル・シギ

川底の泥にくちばしを入れ、探りながらカニ・エビ・小魚を捕らえる

川や湖に住み、水かきを使って水面を泳いで移動する

水辺の木の枝にとまり、獲物をねらう

水田や湿地などに生息し、移動する

動物

関連事項を学んでおこう!

冬眠する動物

○**カエル**（両生類）・ヘビ・トカゲ（ハ虫類）

変温動物であるため、冬は体温を保てない。

○**コウモリ**・ヤマネ・シマリス（ホ乳類）

恒温動物だが、ある温度以下になると体温を保てない。

○**クマ**（ホ乳類）

冬はエサがなくなるため、エネルギー消費を抑える。

暗記のコツはコレだ!

★カッコウやツバメなど夏に日本に来る鳥を<u>夏鳥</u>という。
★ガンや白鳥・カモなど冬に日本に来る鳥を<u>冬鳥</u>という。
★夏鳥・冬鳥・旅鳥をまとめて<u>渡り鳥</u>という。

3×8＝24 （さんぱにじゅうし）

38週＝妊娠期間

※妊娠期間は「十月十日（とつきとおか）」といわれ
るが、これは「満」ではなく「数え」で計算してい
るため、実際とはズレが生じる。

28日×（10−1）＋10＝262日

学習のポイント！

精子（せいし）	男性の精巣（せいそう）でつくられる。長さ約 0.06mm。
卵子（らんし）	女性の卵巣（らんそう）でつくられる。直径約 0.14mm。
受精（じゅせい）	女性の体内で精子が卵子と合体すること。受精した卵子を受精卵（じゅせいらん）という。
妊娠期間	受精した卵子が胎児（たいじ）となって生まれてくるまで約 266 日かかる。上記補足説明にあるとおり、実際には受精した日から9か月強（38 週）となる。
たいばん	子宮（しきゅう）の内側の受精卵が着床（ちゃくしょう）した部分に毛細血管が集まり、たいばんを形成する。
へその緒（お）	胎児のからだとたいばんを結ぶ血管などの管。胎児はたいばんからへその緒を通して母親から酸素（さんそ）と栄養を受け取り、二酸化炭素（にさんかたんそ）や不要物を母親にわたす。
羊膜と羊水（ようまくとようすい）	子宮の中に形成される胎児を包む（つつむ）膜（まく）と、その中に満たされている液体。

72

📊 図で理解しよう！

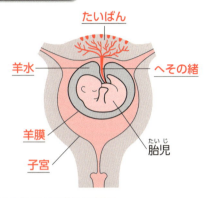

たいばん

羊水 ──────── へその緒

羊膜

胎児（たいじ）

子宮

📖 関連事項を学んでおこう！

にわとりの卵（たまご）のつくりとはたらき

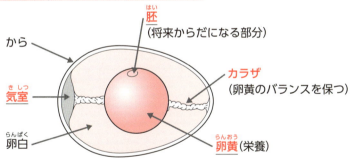

胚（はい）
（将来からだになる部分）

から

カラザ
（卵黄のバランスを保つ）

気室（きしつ）

卵白（らんぱく）

卵黄（らんおう）（栄養）

暗記のコツはコレだ！

★精子と卵子が合体すると受精卵となる。

★受精から出産まで 38 週（ 266 日 ）かかる。

★胎児と母親はたいばんとへその緒で結ばれている。

★胎児は羊膜と羊水に包まれている。

栄養の消化と吸収

デンプン **ダ・スイ・チョウ**
だ液　すい液　腸液

タンパク **イ・スイ・チョウ**
胃液　すい液　腸液

脂肪は **スイ・タン**
すい液　たん汁

学習のポイント!

デンプン	だ液→すい液→腸液で順に分解され、ブドウ糖に変化して小腸で吸収される。
タンパク質	胃液→すい液→腸液の順に消化され、アミノ酸に変化して小腸で吸収される。
脂肪	すい液とたん汁によって消化され、脂肪酸とモノグリセリドに変化して、小腸で吸収される。

関連事項を学んでおこう!

小腸のつくり

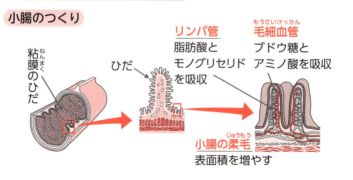

粘膜のひだ

ひだ

リンパ管
脂肪酸とモノグリセリドを吸収

毛細血管
ブドウ糖とアミノ酸を吸収

小腸の柔毛
表面積を増やす

74

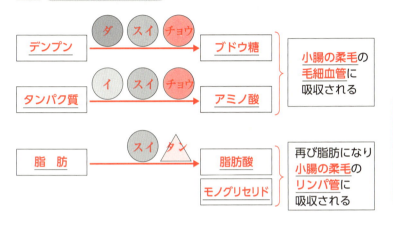

※<u>ブドウ糖</u>は吸収された後、使われなかった余りは<u>グリコーゲン</u>として肝臓（かんぞう）に貯蔵（ちょぞう）される。

※<u>脂肪酸</u>と<u>モノグリセリド</u>は柔毛内で脂肪に戻（もど）り、リンパ管に入る。その後余分なものは<u>皮下</u>に貯蔵される。

暗記のコツはコレだ！

★<u>デンプン</u>はまず<u>だ液</u>によって<u>麦芽糖</u>（ばくがとう）に分解され、次に<u>すい液</u>と<u>腸液</u>によって<u>ブドウ糖</u>に分解される。
その後、<u>グリコーゲン</u>として<u>肝臓</u>（かんぞう）に貯蔵される。

★<u>タンパク質</u>は<u>胃液</u>・<u>すい液</u>・<u>腸液</u>によって<u>アミノ酸</u>に分解される。

★<u>脂肪</u>は<u>すい液</u>と<u>たん汁</u>により<u>脂肪酸</u>と<u>モノグリセリド</u>に分解されて吸収。その後脂肪に戻りリンパ管に入る。

★栄養は<u>小腸</u>で、水分は<u>小腸</u>と<u>大腸</u>（だいちょう）で吸収される。

人　体 | 75

カンタンすぎて

肝臓　たん汁(たんじゅう)をつくる

くちアングリ

アンモニアを尿素に変える　グリコーゲンを貯蔵(ちょぞう)

学習のポイント!

かんぞう
肝臓のはたらき

① ブドウ糖をグリコーゲンとしてたくわえる。

② たん汁をつくる→たんのうにためる。

③ アンモニアを尿素に変える(解毒作用)。
　　　　　　　にょうそ　　　　げどくさよう

入試「これだけは!」

- 肝臓から分泌されるたん汁は一時的にたんのうに貯蔵され、
  ぶんぴつ　　　　じゅう　　　　　　　　　　　　　　ちょぞう
  その後、十二指腸へと送られる。
  　　　　じゅうにしちょう

- すい臓から分泌されるすい液も十二指腸へと送られる。
  すい液は脂肪を脂肪酸と
  グリセリンに分解する。

- たん汁は脂肪の分解を
  助けるはたらきがある。

- たん汁には消化酵素は
  　　　　　しょうかこうそ
  含まれない。
  ふく

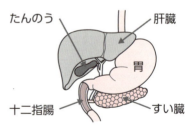

たんのう　　　　　　　　　　　　肝臓

胃

十二指腸　　　　　　　　　すい臓

人体
4

<ruby>腎臓<rt>じんぞう</rt></ruby>のはたらき

腎臓で
腎臓では

尿素こしとり尿つくる
尿素をこしとって尿をつくる

学習のポイント！

<ruby>腎臓<rt>じんぞう</rt></ruby>のつくりとはたらき

① <ruby>腰<rt>こし</rt></ruby>の<ruby>背中側<rt>せなかがわ</rt></ruby>に左右に1個ずつある。

② 血液中の<ruby>尿素<rt>にょうそ</rt></ruby>などの不要物を取り除き<ruby>尿<rt>にょう</rt></ruby>をつくる。

③ つくられた尿は<ruby>輸尿管<rt>ゆにょうかん</rt></ruby>を通り、**ぼうこう**へ運ばれる。

④ 腎臓は血液中の**塩分濃度**の調節をおこなう。

図で理解しよう！

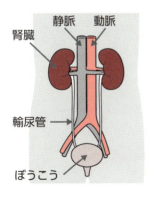

静脈　動脈
腎臓
輸尿管
ぼうこう

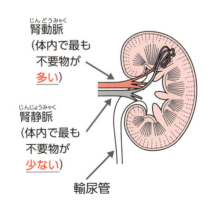

<ruby>腎動脈<rt>じんどうみゃく</rt></ruby>
（体内で最も
不要物が
多い）

<ruby>腎静脈<rt>じんじょうみゃく</rt></ruby>
（体内で最も
不要物が
少ない）

輸尿管

肺のはたらきと呼吸のしくみ

王様上がって

横隔膜(おうかくまく)が上がると

息を吐く

息を吐く

肺のつくりとはたらき

① 肺は気管支で気管とつながっている。

② 肺の内部には肺胞という小さな袋がたくさん
あり、ブドウの房のようにかたまっている。

③ 肺胞を包む毛細血管を通して、血液中の不要な
二酸化炭素を取り除き、酸素を取り入れる。

④ 肺胞の表面積は $100\,m^2$ もあり、効率よく酸素と
二酸化炭素の交換をおこなうことができる。

図で理解しよう！

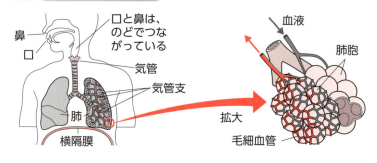

鼻

口と鼻は、
のどでつな
がっている

口

気管

気管支

肺

横隔膜

血液

肺胞

拡大

毛細血管

呼吸運動のしくみ

息を吸うとき

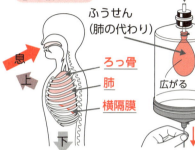

空気

ふうせん
（肺の代わり）

息
上

ろっ骨
肺
横隔膜

下

広がる

① 横隔膜が下がる
② ろっ骨が上がる
③ **胸の部屋が広がる**
④ 肺が広がる
⑤ **空気が入ってくる**

ゴム膜（横隔膜の代わり）
下に引っ張ると空気が
入ってくる

息を吐くとき

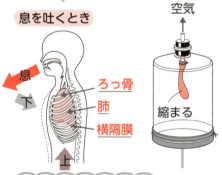

空気

息
下

ろっ骨
肺
横隔膜

上

縮まる

① 横隔膜が上がる
② ろっ骨が下がる
③ **胸の部屋が縮まる**
④ 肺が縮まる
⑤ **空気が出ていく**

ゴム膜が上がると
空気が出る

人
体

暗記のコツはコレだ！

★胸の部屋が広がると空気が肺に入り、胸の部屋が
　縮まると肺から空気が出て行く。
★肺の内部には肺胞と呼ばれる袋がたくさんある。
★肺胞で血液中の二酸化炭素と酸素を交換する。
★肺胞に分かれていることで空気と接する面積が
　広がり、効率よくガス交換をおこなうことができる。

心臓の各部の名称と血液の流れ

右下マッチョで

心臓(しんぞう)の筋肉(きんにく)は向かって右下が一番厚(あつ)い

全身大移動

右下の部屋から全身へ大動脈で移動する

学習のポイント！

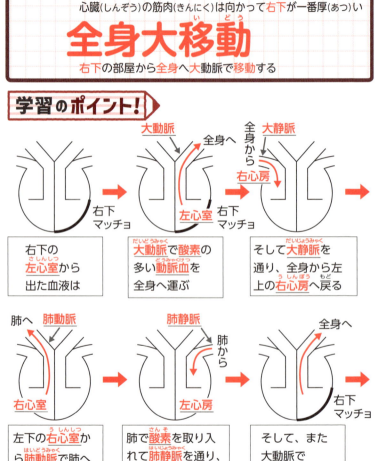

右下の
左心室から
出た血液は

大動脈で酸素の
多い動脈血を
全身へ運ぶ

そして大静脈を
通り、全身から左
上の右心房へ戻る

左下の右心室か
ら肺動脈で肺へ
移動し

肺で酸素を取り入
れて肺静脈を通り、
再び心臓へ

そして、また
大動脈で
全身へ

暗記のコツはコレだ！

★「向かって」右下の部屋（<u>左心室</u>）の筋肉の壁（かべ）が一番厚く（<u>右下マッチョ</u>）、ここから全身へ血を送り出す。

★心臓に入ってくる血管は静脈（<u>肺静脈・大静脈</u>）。

★心臓から出て行く血管は動脈（<u>大動脈・肺動脈</u>）。

★血液が戻（もど）ってくる部屋は「<u>心房</u>」である。

★血液を送り出す心臓のポンプ室が「<u>心室</u>」である。

★心臓の各部の名前は向かってなので、図と<u>左右逆</u>！

からだをめぐる血液

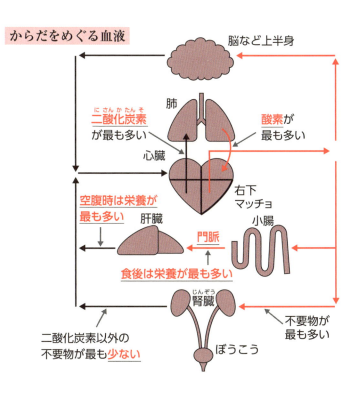

脳など上半身

肺

二酸化炭素（にさんかたんそ）が最も多い

酸素が最も多い

心臓

右下マッチョ

空腹時は栄養が最も多い

肝臓

小腸

門脈

食後は栄養が最も多い

腎臓（じんぞう）

ぼうこう

不要物が最も多い

二酸化炭素以外の不要物が最も<u>少ない</u>

けつえきせいぶん　けつえきじゅんかん
血液成分と血液循環

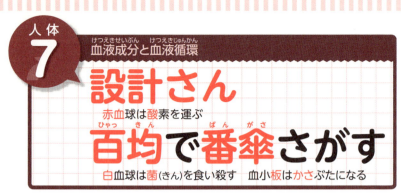

設計さん

赤血球は酸素を運ぶ

ひゃく　　きん　　　　ばん　がさ
百均で番傘さがす

白血球は菌（きん）を食い殺す　血小板はかさぶたになる

学習のポイント！

せっけっきゅう 赤血球	血液の赤い**固体**成分。赤血球中の**ヘモグロビン**が全身に**酸素**を運ぶ。
はっけっきゅう 白血球	体内に侵入した**細菌**を食い殺す。
けっしょうばん 血小板	出血すると固まる。
血しょう	血液中の**液体**成分。 に さん か たん そ **二酸化炭素**・**栄養**・**不要物**などを運ぶ。

図で理解しよう！

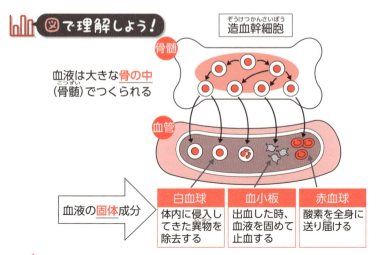

ぞうけつかんさいぼう
造血幹細胞

骨髄

血液は大きな**骨の中**
こつずい
（骨髄）でつくられる

血管

血液の**固体**成分

白血球	血小板	赤血球
体内に侵入してきた異物を除去する	出血した時、血液を固めて止血する	酸素を全身に送り届ける

目のしくみ

最高潮で

こう彩（こうさい）は光の量を調節する

もう死にそう

もう膜で刺激（しげき）され、視神経から脳に信号が送られる

学習のポイント！

ひとみ	黒目の中心にあって光を通す穴。
こう彩	ひとみの周囲の光量を調節する膜。ひとみの色の違いは、実際にはこう彩の色の違いによる。
もう膜	光を感じて視神経に伝える。
もう点	視神経の束ともう膜の接点。像はできない。

図で理解しよう！

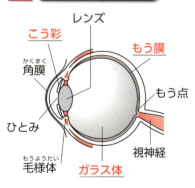

レンズ
こう彩
もう膜
角膜
もう点
ひとみ
視神経
毛様体
ガラス体

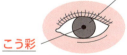

明るいところでは
ひとみが小さくなる

こう彩

明るいとき

暗いところでは
ひとみが大きくなる

こう彩

暗いとき

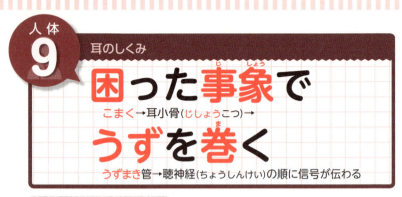

人体 9

耳のしくみ

困った事象で

こまく→耳小骨(じしょうこつ)→

うずを巻く

うずまき管→聴神経(ちょうしんけい)の順に信号が伝わる

学習のポイント！

こまく	音を受けると振動する。
耳小骨 (じしょうこつ)	こまくの振動をうずまき管に伝える。
うずまき管	音を感じて聴神経に伝える。
三半規管 (さんはんきかん)	３つの半円形の器官。平衡感覚や体の回転などを感じて脳に伝える。 乗り物の振動によって三半規管が刺激を受けると、乗り物酔いになることがある。

図で理解しよう！

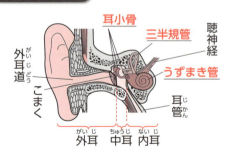

地層 1 地震のゆれと伝わり方

小食のサキの

小さな揺れの初期微動は先に来る

主張はのち大きい

主要動はあとから来る大きな波

学習のポイント！

震源（しんげん）	地震（じしん）が発生した場所。
震央（しんおう）	震源の真上の地点。
初期微動（しょきびどう）	速度の速い**小さな揺れ**のこと。先に到達する。
主要動（しゅようどう）	速度の遅い**大きな揺れ**のこと。後で到達する。
震度（しんど）	地震の揺れを表す単位。**0～7**の**10段階**（だんかい）ある。
マグニチュード	**地震の規模**を表す単位。1上がると約32倍。

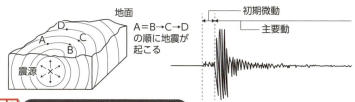

地面
A＝B→C→D
の順に地震が
起こる

初期微動
主要動

計算問題に強くなろう！

　初期微動を伝える波（<u>P波</u>）の速度が6km/秒、主要動を伝える波（<u>S波</u>）の速度が4km/秒のとき、震源から240km地点での**初期微動継続時間**は何秒ですか。

　→240km÷6km/秒＝40秒　240km÷4km/秒＝60秒
　　よって、初期微動が続く時間は60秒－40秒＝<u>20秒間</u>

地　層 85

火山によってできる岩石（火成岩）①

頭刈り上げ

火山岩　リュウモン岩　アンザン岩　ゲンブ岩

赤飯食べる

石基　はん晶　はん状組織

学習のポイント！

火山岩（かざんがん）	マグマが地表付近で急に冷えて固まった岩石のこと。石基とはん晶からなる「はん状組織」を形成する。
リュウモン岩（がん）	石英・長石・黒ウンモからなる白っぽい岩石。
安山岩（あんざんがん）	長石・カクセン石からなる灰色っぽい岩石。
ゲンブ岩（がん）	長石・キ石・カンラン石からなる黒っぽい岩石。

図で理解しよう！

はん状組織

マグマが急に冷えて固まったため、鉱物の結晶が大きく育たなかった。

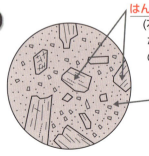

はん晶
（石英・長石などの鉱物の結晶）

石基

地層 3

火山によってできる岩石（火成岩）②

新幹線は
深成岩　花コウ岩　セン緑岩　ハンレイ岩
ゆっくり通る
ゆっくり冷えて固まる　等粒状組織

学習のポイント！

深成岩（しんせいがん）	マグマが地中深くでゆっくり冷えて固まった岩石のこと。「等粒状組織（とうりゅうじょうそしき）」を形成する。
花コウ岩（かこうがん）	白っぽい岩石で石壁や墓石（いしかべ・はかいし）の材料となり、御影石（みかげいし）とも呼ばれる。
セン緑岩（りょくがん）	長石・カクセン石からなる灰色っぽい岩石。
ハンレイ岩（がん）	長石・キ石・カンラン石からなる黒っぽい岩石。

地層

図で理解しよう！

等粒状組織
　マグマがゆっくり冷えて固まったため、鉱物の結晶が大きく成長できた。

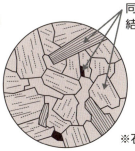

同じ大きさの結晶
（石英・長石などの鉱物の結晶）

※石基はない

地層 **4**　岩石をつくる鉱物

英語の先生ちょーかっこいい
石英　長石

感激隠せないうんもーどうしよう
カンラン石　キ石　カクセン石　黒ウンモ

学習のポイント！

石 英	白色で不規則に割れる鉱物。 透明なものは「**水晶**」と呼ばれる。
長 石	<u>白色</u>で柱状に割れる。純度の高いものは、 ムーンストーンなどの宝石になる。
黒ウンモ	<u>黒色</u>で薄くはがれる。
カクセン石	緑黒色で六角柱状の結晶となる。
キ 石	緑色・黒色などさまざまな種類があり、 <u>ヒスイ</u>もこのなかまである。
カンラン石	**黄緑色**で柱状の鉱物。特に美しいものは ペリドットという宝石になる。

石英（水晶）

黒ウンモ（千枚はがし）

表にまとめよう！

火成岩をつくる鉱物

火 山 岩	リュウモン岩	安 山 岩	ゲンブ岩
深 成 岩	花コウ岩	セン緑岩	ハンレイ岩

鉱物の種類と割合（%）			
おもな鉱物とその割合（%）	黒ウンモ、カクセン石 長石、石英	キ石、カクセン石 長石	キ石、カンラン石 長石
火成岩の色	白っぽい		黒っぽい

鉱物の種類と割合（%）のグラフ内ラベル：石英、長石、キ石、カクセン石、黒ウンモ、カンラン石

リュウモン岩と花コウ岩は、石英や長石を多く含むために白っぽい。

ゲンブ岩とハンレイ岩は、キ石やカンラン石を多く含むために黒っぽい。

地層

暗記のコツはコレだ！

★火成岩は大きく「火山岩」と「深成岩」に分かれる。

★リュウモン岩や花コウ岩は石英や長石を多く含み、白っぽい岩石である。

★安山岩やセン緑岩はカクセン石を含む。

★ゲンブ岩やハンレイ岩はカンラン石を含み、黒っぽい岩石である。

★石英は白色の鉱物で透明のものは「水晶」と呼ばれる。

★ヒスイはキ石のなかまである。

水のはたらき

流水の三作用

しん・うん・たい

侵食作用・運ぱん作用・たい積作用

学習のポイント！

侵食作用	「けずるはたらき」のこと。 水の流れが**速い**上流などで強くはたらく。
運ぱん作用	「運ぶはたらき」のこと。 水の流れが**速く**かつ**水量が多い**中流で強くはたらく。
たい積作用	「つもらせるはたらき」のこと。 水の流れが**遅い**下流などで強くはたらく。

関連事項を学んでおこう！

川の流れと川底のかたち

まっすぐな川では
流れは**真ん中**が一番速い

カーブの内側は
流れが**ゆるやか**
で**川原**ができる

カーブの外側は
流れが**速い**ため
がけができる

上流・中流・下流での川のようす

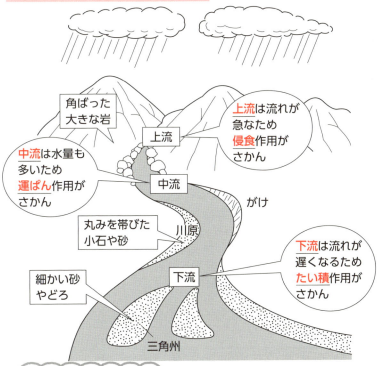

角ばった
大きな岩

上流

上流は流れが
急なため
侵食作用が
さかん

中流は水量も
多いため
運ぱん作用が
さかん

中流

がけ

丸みを帯びた
小石や砂

川原

下流は流れが
遅くなるため
たい積作用が
さかん

細かい砂
やどろ

下流

三角州

暗記のコツはコレだ！

★**上流**では川の**流れが急**なため**侵食作用**が強くはたらく。

★**中流**では水量が多くなるため**運ぱん作用**が強くはたらく。

★**下流**では川の**流れがゆるやか**になるため**たい積作用**が
強くはたらく。

★川のカーブでは**内側**に**川原**が、**外側**に**がけ**ができる。

地層

上流階級Ｖ字回復
上流にはＶ字谷がある

中流三日月扇形（おうぎがた）
中流には三日月湖や扇状地がある

学習のポイント！

上流域	川の流れが速いため、侵食作用（しんしょく）が最も強くたい積作用（ぶいじたに）が最も弱い。Ｖ字谷を形成。
中流域	水量が多いため、運ぱん作用が最も強い。山間部から平地に出るところでは、たい積作用（せんじょうち）が強くはたらき、扇状地ができる。また川の曲がった部分が洪水（こうずい）などで取り残されると、三日月湖（みかづきこ）ができる。
下流域	川の流れが遅くなるため、たい積作用が最も強い。河口（かこう）付近には三角州（さんかくす）ができる。

関連事項を学んでおこう！

　理科の地層分野と社会の地理は密接（みっせつ）に関連している。あわせて確認しておこう！

扇状地………山梨県（やまなし）甲府盆地（こうふぼんち）

三角州………広島県（ひろしま）広島平野（太田川（おおたがわ））

三日月湖……北海道（ほっかいどういしかり）石狩平野（石狩川）

（リアス海岸……岩手県（いわて）三陸海岸（さんりくかいがん）・三重県（みえ）志摩半島（しまはんとう）
　　　　　　　福井県（ふくい）若狭湾（わかさわん）・愛媛県（えひめ）宇和海（うわかい）など）

図で理解しよう！

V字谷のでき方（上流）

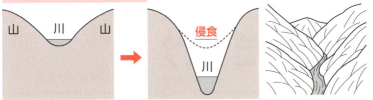

山　川　山　→　侵食　川

扇状地のでき方（上流→中流）

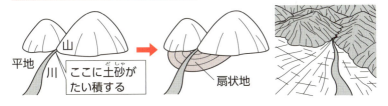

平地　山　川　ここに土砂がたい積する　→　扇状地

三日月湖のでき方（中流）

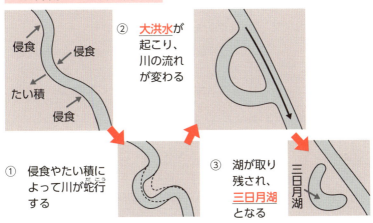

侵食　侵食　たい積　侵食

② 大洪水が起こり、川の流れが変わる

① 侵食やたい積によって川が蛇行する

③ 湖が取り残され、三日月湖となる

三日月湖

地層

たい積岩の種類

大切なレッサーパンダは

たい積岩　　レキ岩　サ(砂)岩

泥だらけ

デイ(泥)岩　　※レキ→砂→泥の順に粒が小さくなる

学習のポイント！

レキ岩	直径2mm以上の粒(**レキ**)が砂や泥といっしょに押し固められて岩石となったもの。
砂　岩	直径0.06mm～2mmの粒(**砂**)が押し固められて岩石となったもの。
デイ岩	直径0.06mm以下の粒(**泥**)が押し固められて岩石となったもの。
ネンバン岩	デイ岩に強い圧力がかかり、変性したもの。すずりや瓦に用いられる。
石灰岩	海水中の石灰質や**サンゴ・貝**などの生物の死がいがたい積して固まった岩石。塩酸と反応して二酸化炭素を発生する。主な成分は**炭酸カルシウム**。
大理石	石灰岩が地下のマグマによって熱せられて変性してできた岩石。
チャート	**ホウサンチュウ**などの死がいがたい積してできた岩石。主な成分は二酸化ケイ素。
ギョウカイ岩	**火山灰**が押し固められてできた岩石。粒が**角ばっている**。

河口付近でのレキ・砂・泥のたい積のしかた

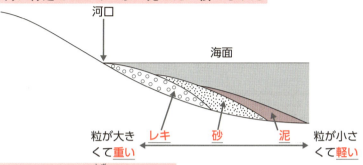

河口

海面

粒が大き
くて**重い** ← レキ　砂　泥 → 粒が小さ
くて**軽い**

レキ・砂・泥の沈み方の違い

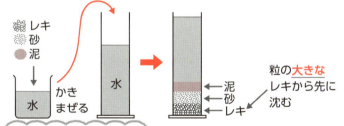

🪨 レキ
⋯ 砂
⬤ 泥

水　かき
まぜる　水 → 泥
砂
レキ

粒の**大きな**
レキから先に
沈む

暗記のコツはコレだ！

★**レキ**は粒が**大きく重い**ため、**早く**沈む。
★レキ岩の層があるところはかつて**浅い**海だった。
★**泥**は粒が**小さく軽い**ため、**遠くまで**運ばれる。
★デイ岩の層があるところはかつて**深い**海だった。
★**炭酸カルシウム**を多く含む岩石は**石灰岩**である。
★ホウサンチュウなどがたい積してできた岩石は
　チャートである。
★火山灰がたい積してできた岩石は**ギョウカイ岩**である。

地層

強い力で押されると

強い力で左右から押されると

へそ曲げて逆ギレする

しゅう曲・逆断層ができる

学習のポイント！

しゅう曲	地層が左右から**強い力で押されて**、大きく曲がって波のようなかたちになったもの。
逆断層	地層が左右から**強い力で押され**、片方の地層がずり上がったもの。
正断層	地層が左右に**引っ張られ**、片方の地層がずり落ちたもの。
整合	地層が平行に重なり合ったもの。
不整合	地層が**隆起**したり**沈降**したりして、途中でたい積が中断したことがわかるような地層のこと。

入試「これだけは！」

不整合。ここで一度地層が隆起して海面から出て、風や雨などで侵食・風化された後、再び沈降したことを示す。

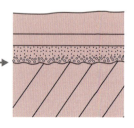

しゅう曲

左右から強い力で押されると
地層がぐにゃりと曲がり
「しゅう曲」が形成される。

逆断層

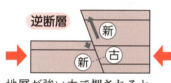

正断層

地層が強い力で押されると
断層面の上側の地層がずり
上がり「逆断層」が形成さ
れる。

地層が左右に引っ張られると
断層面の上側の地層がずり落
ち「正断層」が形成される。

地
層

📚 関連事項を学んでおこう！

河岸段丘のでき方

海岸段丘のでき方

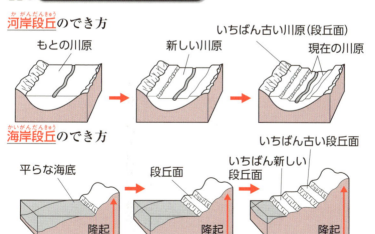

もとの川原

新しい川原

いちばん古い川原（段丘面）

現在の川原

平らな海底

段丘面

いちばん古い段丘面

いちばん新しい
段丘面

隆起

隆起

隆起

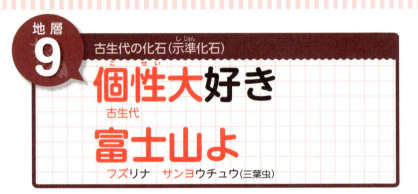

地層
9

古生代の化石（示準化石）

個性大好き
古生代

富士山よ
フズリナ　サンヨウチュウ（三葉虫）

学習のポイント！▷

古生代	今から約5億4200万年前〜2億5100万年前の地質時代。
フズリナ	古生代に栄えた有孔虫（貝のような生物）の一種。有孔虫の化石は「星の砂」とも呼ばれる。
三葉虫	古生代に栄えた節足動物の一種。古生代を代表する化石。

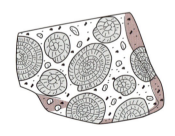

フズリナ

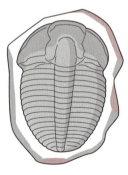

三葉虫

中生代の化石（示準化石）

中学教師は
中生代　キョウリュウ(恐竜)

安心だ
アンモナイト

学習のポイント！

中生代 ちゅうせいだい	今から約2億5100万年前〜6600万年前の地質時代。
恐竜 きょうりゅう	中生代に栄えた生物。かつてはハ虫類に近いとされていたが、現在では鳥類に最も近いと考えられている。
アンモナイト	中生代に栄えた軟体動物の一種。現在のオウムガイに最も近いと考えられている。

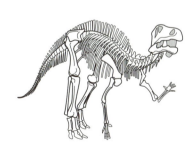

恐竜

アンモナイト

新生代の化石（示準化石）

しなびた

新生代　ナウマンゾウ　ビカリア

マンモス

マンモス

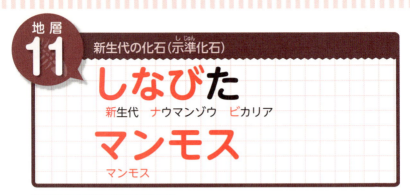

学習のポイント！

新生代	6600万年前～現在に至る地質時代。
ナウマンゾウ	新生代に栄え、絶滅したゾウの一種。
マンモス	新生代に栄えた、ゾウの親せき。直接の祖先ではないと考えられている。
ビカリア	新生代に栄えた、全長10cmほどの巻貝のなかま。

示準化石は各地質時代毎にまとめておこう！

ナウマンゾウ

ビカリア

2cm

マンモス

地層 **12**　示相化石（しそう）

アサい海で
アサリは浅い海に住んでいた
地味なクリを書こう
シジミ　ハマグリ　河口付近

地層

学習のポイント！

示相化石（しそうかせき）	化石となった生物の生息環境（せいそくかんきょう）から、その地層ができた時代の<u>自然環境や気候変動など</u>を知る手がかりとなる化石のこと。
示準化石（しじゅんかせき）	化石となった生物から、その地層ができた<u>地質時代がいつなのか</u>を知る手がかりとなる化石のこと。

アサリの化石

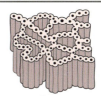

サンゴの化石

暗記のコツはコレだ！

★アサリやハマグリの化石はかつてそこが<u>浅い海</u>だったことを示す。

★<u>シジミ</u>は河口付近の塩水と淡水（たんすい）が混じり合う場所。

★<u>サンゴ</u>は遠浅（とおあさ）で暖かくきれいな海だったことを示す。

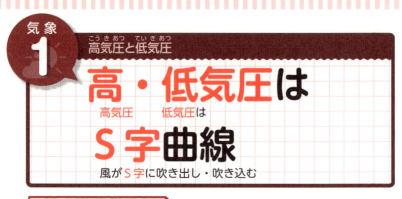

学習のポイント！

気圧（き あつ）	空気の圧力のこと。単位はhPa（ヘクトパスカル）。**1cm² あたり約 1kg の力**がかかると **1 気圧**。1 気圧＝ **1013hPa**
高気圧（こう き あつ）	周囲より気圧が高いところをいう。高気圧からは、周りに**風が吹き出す**。この時、地球の自転の影響（**コリオリの力**）で、風は**時計回り**となる。また**下降気流**ができるため、**雲が晴れて天気がよくなる**。
低気圧（てい き あつ）	周囲より気圧が低いところをいう。低気圧には、周りから**風が吹き込む**。この時、地球の自転の影響（**コリオリの力**）で、風は**反時計回り**となる。また**上昇気流**ができるため、**雲が発生し、天気が悪くなる**。
コリオリの力	**地球の自転の影響**で、北半球では常に進行方向に対して右向きの力が、南半球では進行方向に対して左向きの力がはたらく。転向力（てんこうりょく）ともいう。**台風**が北半球において**反時計回り**となるのもコリオリの力による。

[📊 図で理解しよう！]

　低気圧と高気圧の風の向きは入試でよく出題されるのできちんと理解しておこう！

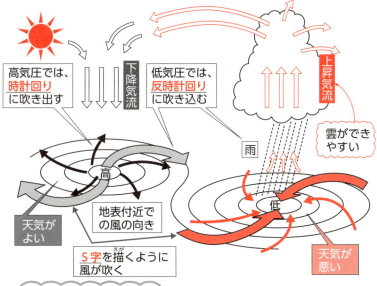

[暗記のコツはコレだ！]

★1気圧は 1013 ヘクトパスカル（hPa）。

★高気圧は時計回りに風が吹き出す。下降気流が起こり、雲が晴れて天気がよくなる。

★低気圧は反時計回りに風が吹き込む。上昇気流が起こり、雲が発生し天気が悪くなる。

★台風は最大風速 17.2 m／秒以上の熱帯低気圧のこと。北半球ではコリオリの力の影響を受け、反時計回りのうずとなる。

気象

冷たい空気は
冷たい空気は

おすもうさん（イメージ）
おすもうさんのように重くて猪突猛進してくる

学習のポイント！

前線 （ぜんせん）	暖かい空気と冷たい空気の境目。
寒冷前線 （かんれいぜんせん）	冷たい空気のかたまりが移動する時にできる、暖かい空気のかたまりとの境目。**冷たい空気**が**暖かい空気**の下にもぐり込み、暖かい空気を押し上げる。この時、強い**上昇気流**（じょうしょうきりゅう）が起こり、**積乱雲**（せきらんうん）が発生して、**夕立**などの激しい**にわか雨**が降る。
温暖前線 （おんだんぜんせん）	暖かい空気のかたまりが移動するときにできる、冷たい空気のかたまりとの境目。**暖かい空気**が**冷たい空気**の上をはい上がるため、ゆるやかな**上昇気流**が起こり、**乱層雲**（らんそううん）や**高層雲**（こうそううん）が発生して、**穏やかな雨**（おだやか）が降る。
停滞前線 （ていたいぜんせん）	冷たい空気と暖かい空気がお互いに押し合（お）い、ほとんど動かない時にできる前線。**長雨**をもたらす。**6月頃**にできるものを「**梅雨前線**（ばいう）」、**9月頃**にできるものを「**秋雨前線**（あきさめ）」という。

で理解しよう！

　低気圧が通過する時の天気の変化も入試ではよく出る項目（こうもく）となる。しっかり確認しておくこと。

寒冷前線

冷たい空気の勢いに
はじき飛ばされて
急激に上昇する

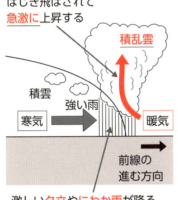

積乱雲

積雲

強い雨

寒気　暖気

前線の
進む方向

激しい夕立やにわか雨が降る

温暖前線

冷たい空気にはばまれて
ゆるやかに上昇する

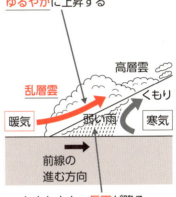

高層雲

乱層雲

くもり

暖気　弱い雨　寒気

前線の
進む方向

しとしとと、長雨が降る

　冷たい空気はおすもうさんのように重くてどっしりしているため、暖かい空気ははじき飛ばされてしまう。

暗記のコツはコレだ！

★低気圧は寒冷前線と温暖前線をともなう。

★低気圧は上空の偏西風（へんせいふう）の影響により、西から東へと移動していく。

★寒冷前線では暖かい空気が急激に上昇し、積乱雲が発生するため、激しい雨が降る。

★温暖前線では暖かい空気が冷たい空気の上に乗るように上昇し、乱層雲が発生してしとしとと、長雨が降る。

気象

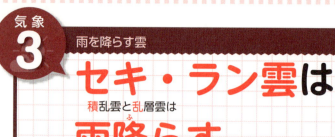

気象 3 雨を降らす雲

セキ・ラン雲は

積乱雲と乱層雲は

雨降らす

雨を降らす雲

学習のポイント！

積乱雲 （せきらんうん）	空気が急激に暖められる・寒冷前線が温暖前線の下にもぐり込むことなどにより、**急激な上昇気流**が起こると発生する。「**かみなり雲**」「**入道雲**」などとも呼ばれ、**激しい夕立**や**にわか雨**を降らせる。
乱層雲 （らんそううん）	雨が降る直前などに空一面が雲に覆われ真っ黒になることがある。それが乱層雲。**長く続くしとしと雨**を降らせる。「**雨雲**」と呼ばれる。

入試「これだけは！」

上昇気流が起こる場合　ヒートアイランド現象　上空に低気圧がくる

山の斜面を吹き上がる　雲の発生　山

雲の発生

低気圧　雲の発生

暗記のコツはコレだ！

★**強い上昇気流**によって**積乱雲**が発生し、**激しい雨**が降る。

★**長くしとしと降る雨**を降らせる雲を**乱層雲**という。

気象 **4**

ほう わ すい じょう き りょう　しつ ど
飽和水蒸気量と湿度

柑橘系は気温が大事
かん　きつ　けい

乾湿計の乾球温度計が気温を表す

シード選手はしつこいな

乾湿計の乾球と湿球の示度の差が湿度を表す

学習のポイント！

ほう わ すい じょう き りょう **飽和水蒸気量**	空気中に含むことのできる水蒸気の**限度量**のこと。**温度により変化**する。
しつ ど **湿度**	飽和水蒸気量に対して実際にどのくらいの水蒸気が含まれているかを表す数値。
かんしつけい 乾湿計	**かん球温度計**と**しっ球温度計**の2本からなり、 し ど **示度の差**から湿度を割り出すかん球温度計の方が**気温**を示す。
気化熱	蒸発する際に**周囲から奪う熱**のこと。乾湿計でしっ球温度計の方が、示度が小さくなるのは**気化熱**による。

気象

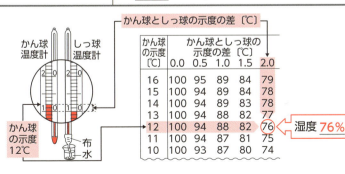

かん球 の示度 〔℃〕	かん球としっ球の 示度の差〔℃〕				
	0.0	0.5	1.0	1.5	2.0
16	100	95	89	84	79
15	100	94	89	84	78
14	100	94	89	83	78
13	100	94	88	82	77
12	100	94	88	82	76
11	100	94	87	81	75
10	100	93	87	80	74

湿度 **76%**

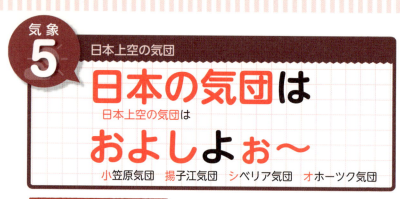

日本の気団は

日本上空の気団は

およしよぉ〜

小笠原気団　揚子江気団　シベリア気団　オホーツク気団

学習のポイント！

小笠原気団 （おがさわらきだん）	太平洋の上空にある**暖かく湿った空気**のかたまり。**夏の季節風**をもたらす。
揚子江気団 （ようすこう）	中国大陸の上空にある**暖かく乾燥した空気**のかたまり。
シベリア気団	シベリアの上空にある**冷たく乾燥した空気**のかたまり。**冬の季節風**をもたらす。
オホーツク気団	オホーツク海の上空にある**冷たく湿った空気**のかたまり。小笠原気団との間に**梅雨前線**ができる。

図で理解しよう！

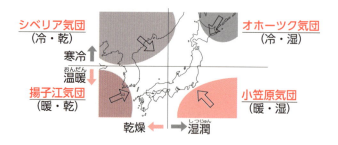

シベリア気団
（冷・乾）

オホーツク気団
（冷・湿）

寒冷↑
温暖（おんだん）↓

揚子江気団
（暖・乾）

小笠原気団
（暖・湿）

乾燥 ← → 湿潤（しつじゅん）

海風

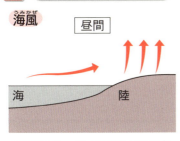

昼間

天気のよい日の<u>昼間</u>は陸の方が暖かくなるため、陸で<u>上昇気流</u>が発生する。そこに<u>海からの風</u>が流れ込む。

陸風

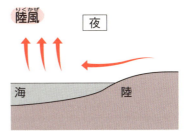

夜

天気のよい日の<u>夜</u>は陸の方が早く温度が下がるため海上の方が暖かくなる。そのため海上で<u>上昇気流</u>が発生する。そこに<u>陸からの風</u>が流れ込む。

関連事項を学んでおこう！

気象

夏の季節風

夏は大陸の方が暖かいため、大陸で<u>上昇気流</u>が発生する。そこに太平洋からの<u>暖かく湿った空気</u>が流れ込む。

冬の季節風

冬は大陸が冷え込むため、太平洋の方が暖まる。すると太平洋で<u>上昇気流</u>が発生する。そこに大陸からの<u>冷たく乾燥した空気</u>が流れ込む。

西高東低
西に高気圧、東に低気圧がある

たてじま模様
冬の天気図はすじ状の雲がたてじまに入る

学習のポイント！

冬の天気図	日本の**西側**には**高気圧**が、**東側**には**低気圧**があり、等圧線が**たてじま模様**となるのが特徴。等圧線の数も多く、**間が狭く**なっている。
冬の雲画像	冬は等圧線に沿うように、**すじ状の雲**が日本上空を覆っている。
冬の特徴	冬は**シベリア気団**が勢力を増す季節で、**北西**からの**冷たく乾燥**した季節風が日本の太平洋側に吹きつける。

すじ状の雲が特徴

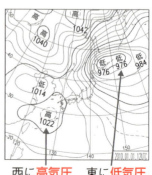

西に**高気圧**　東に**低気圧**

関連事項を学んでおこう！

春や秋の天気も確認しておくこと。

晴れたりくもったりと
天気が変わりやすい。

高気圧と低気圧が
交互に並ぶのが特徴。
移動性高気圧という。

入試「これだけは！」

天気記号の見方

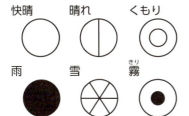

快晴　　晴れ　　くもり

雨　　雪　　霧

風向きには特に注意

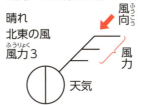

晴れ
北東の風
風力3

風向
風力
天気

風向きは風が吹いてくる方向
で表す。
北から吹いてくる風は「北風」。
海から吹いてくる風は「海風」。

暗記のコツはコレだ！

★冬は西高東低の気圧配置で、すじ状の雲が特徴である。
★冬は太平洋側から北西の季節風、冷たく乾燥した風。
★春や秋には移動性高気圧が見られ天気が変わりやすい。
★風向きは風の吹いてくる方向で表す。

気象
7

夏の天気図

夏はさっぱり
夏の天気図は等圧線が少なくさっぱりしている

南高北低
南に高気圧、北に低気圧がある

学習のポイント！

夏の天気図	日本の**南側**には**太平洋高気圧（たいへいようこうきあつ）**が張り出し、低気圧は左上（北西）の方に押しやられている。**等圧線（とうあつせん）**が少ないさっぱりとした天気図が特徴。
夏の雲画像	日本上空に雲がほとんど見られない。
夏の特徴	夏は**小笠原気団**（太平洋高気圧）が勢力を増し、**南東**からの**暖かく湿った**季節風が日本に吹きつける。そのため湿度（しつど）が高く蒸（む）し暑い日が続く。

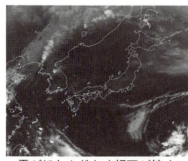

雲がほとんどなく好天が続く。

高気圧が日本上空に張り出す。

112

関連事項を学んでおこう！

梅雨の天気図

日本上空に**停滞前線**（ていたい）が居座り（いすわ）、**長雨**が続く。
6月頃（ごろ）は「**梅雨前線**（ばいう）」、9月頃は「**秋雨前線**（あきさめ）」と呼ぶ。

梅雨の天気図

台風とは、最大風速**17.2m/秒**以上の熱帯低気圧のこと。
風は**反時計回り**（左回り）に吹き込み、中心部分の風は弱い（**台風の目**）。進行方向**右側**の方が風が強い。

気象

気　象 | 113

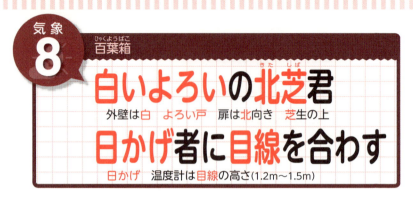

白いよろいの北芝(きたしば)君

外壁は白　よろい戸　扉は北向き　芝生の上

日かげ者に目線を合わす

日かげ　温度計は目線の高さ(1.2m〜1.5m)

図で理解しよう！

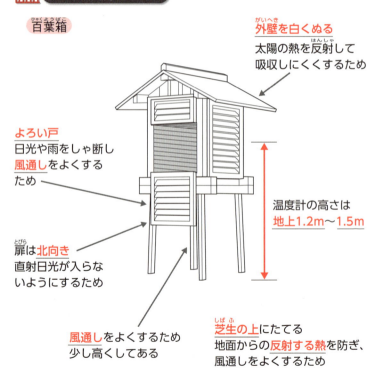

百葉箱(ひゃくようばこ)

外壁(がいへき)を白くぬる
太陽の熱を反射(はんしゃ)して
吸収しにくくするため

よろい戸
日光や雨をしゃ断し
風通しをよくする
ため

温度計の高さは
地上1.2m〜1.5m

扉(とびら)は北向き
直射日光が入らな
いようにするため

風通しをよくするため
少し高くしてある

芝生(しばふ)の上にたてる
地面からの反射する熱を防ぎ、
風通しをよくするため

太陽の高度と気温・地温のグラフ

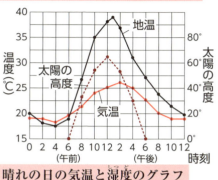

太陽の高度は
12時頃に
最高となる

1時間

地温は
13時頃に
最高となる

1時間

気温は
14時頃に
最高となる

晴れの日の気温と湿度のグラフ

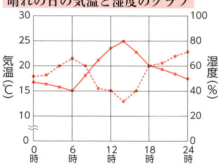

気温が上がると
湿度は下がる。
気温が下がると
湿度は上がる。

気象

暗記のコツはコレだ！

★百葉箱は風通しのよい芝生の上の日かげに設置する。

★百葉箱は白くぬり、扉は北向きでよろい戸をつける。

★百葉箱の中には地上1.2m〜1.5mの位置に温度計がある。

★太陽の高度➡地温➡気温の順に最高となる。

★1日の最高気温は14時頃、最低気温は夜明け前である。

★空気は地面からの放射熱で温められる。

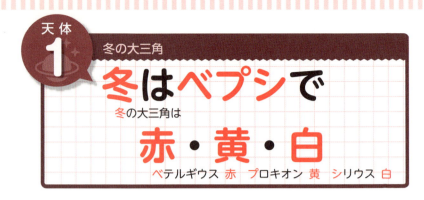

冬の大三角

冬はベプシで

冬の大三角は

赤・黄・白

ベテルギウス 赤　プロキオン 黄　シリウス 白

📊😊で理解しよう！

冬の大三角形は入試必出だ！　しっかり覚えておこう！

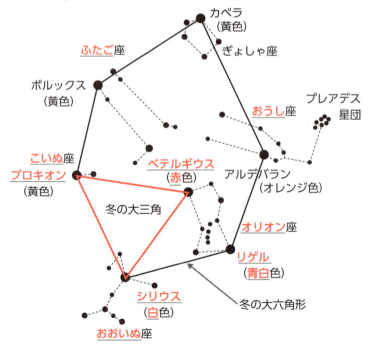

カペラ
（黄色）

ふたご座

ぎょしゃ座

ポルックス
（黄色）

プレアデス
星団

おうし座

こいぬ座
プロキオン
（黄色）

ベテルギウス
（赤色）

アルデバラン
（オレンジ色）

冬の大三角

オリオン座

リゲル
（青白色）

冬の大六角形

シリウス
（白色）

おおいぬ座

入試「これだけは!」

オリオン座の三つ星の動き方

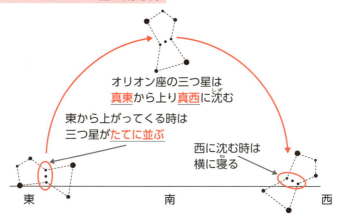

オリオン座の三つ星は
<u>真東</u>から上り<u>真西</u>に沈む

東から上がってくる時は
三つ星が<u>たてに並ぶ</u>

西に沈む時は
横に<u>寝</u>る

東　　　　　　南　　　　　　西

関連事項を学んでおこう!

星の明るさ…肉眼で見える星は1<u>等星</u>から<u>6等星</u>まで、
　　　　　　等級が1つ上がると明るさは<u>2.5倍</u>になる。
　　　　　　1等星は6等星の約<u>100倍</u>の明るさ!

星の色…温度の低い方から　<u>赤</u>→オレンジ→<u>黄</u>→白→<u>青白</u>

暗記のコツはコレだ!

★冬の大三角は<u>オリオン</u>座の<u>ベテルギウス</u>、おおいぬ
　座の<u>シリウス</u>、こいぬ座の<u>プロキオン</u>である。

★オリオン座にはベテルギウス(<u>赤色</u>)と<u>リゲル</u>(<u>青白</u>
　色)という2つの1等星がある。

★オリオン座の三つ星は東の空から上がる時、<u>たてに並ぶ</u>。

★1等星の明るさは、6等星の約<u>100倍</u>。

★<u>青白</u>色の星の温度が一番高く、<u>赤</u>色の星が一番低い。

天　体

天　体　| 117

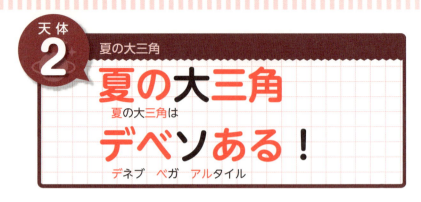

天体
2
夏の大三角

夏の大三角
夏の大三角は
デベソある！
デネブ　ベガ　アルタイル

図で理解しよう！

夏の大三角は動いていく方向も出題されるぞ！

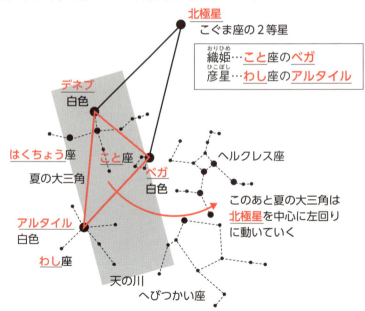

北極星
こぐま座の2等星

織姫…こと座のベガ
彦星…わし座のアルタイル

デネブ
白色

はくちょう座
夏の大三角

こと座

ベガ
白色

ヘルクレス座

このあと夏の大三角は
北極星を中心に左回り
に動いていく

アルタイル
白色

わし座

天の川
へびつかい座

春の大三角

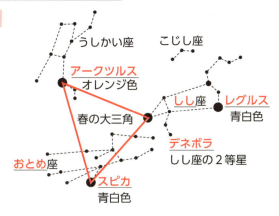

秋の四辺形

暗記のコツはコレだ！

★夏の大三角ははくちょう座のデネブ、こと座のベガ、わし座のアルタイルである。

★織姫はこと座のベガ、彦星はわし座のアルタイルである。

★春の大三角はおとめ座のスピカ、しし座のデネボラ、うしかい座のアークツルスである。

天
体

北極星はひしゃくで水かけ
ほっきょくせい

北極星　北斗七星の先の線を5倍にのばしたところ

カシオペヤの矢を射る

カシオペヤ座の線を5倍にのばしたところ

図で理解しよう！

カシオペヤ座
ざ

北極星
こぐま座の2等星

北斗七星
ほくと
おおぐま座

弓矢を射る
イメージ

ひしゃくで
水をかける
イメージ

入試「これだけは！」

北極星は地軸（地球の自転軸）の
ほっきょくせい　　ちじく　　　　じてんじく
延長線上にあるため、ほとんど
動かないように見える。

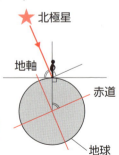

★ 北極星

地軸

赤道

地球

重要！ 北極星の高度＝その地点の北緯
こうど　　　　　　　　　ほくい

関連事項を学んでおこう！

方角と星の動き

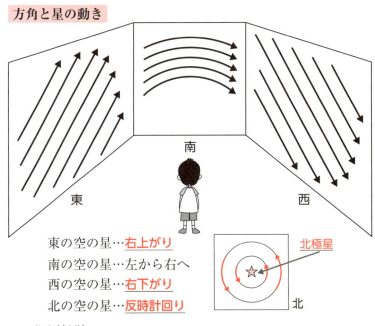

東の空の星…<u>右上がり</u>

南の空の星…左から右へ

西の空の星…<u>右下がり</u>

北の空の星…<u>反時計回り</u>

星の日周運動…1日（24時間）で360度回転する。

　　　　　1時間につき 360度÷24時間＝<u>15度</u>

星の年周運動…1年（約360日）で360度回転する。

　　　　　1日につき 360度÷360日＝<u>1度</u>

暗記のコツはコレだ！

★北極星は<u>こぐま座</u>の<u>2</u>等星で、<u>地軸</u>の延長線上にある。

★北極星の高度はその地点の<u>北緯</u>と同じ。

★北の空の星は<u>北極星</u>の周りを<u>反時計回り</u>に回る。

★南側の星は、太陽と同じく<u>東</u>から昇り<u>西</u>に沈む。

天体

黄道十二星座

ふがし汚点さ

真夜中に南中する1月から ふたご座 かに座 しし座 おとめ座 てんびん座 さそり座

嫌味うおおオ！

いて座 やぎ座 みずがめ座 うお座 おひつじ座 おうし座 (オリオン座)

学習のポイント！

黄道	天球上における太陽の見かけの通り道。
黄道十二宮	黄道上に存在する十二の星座を指してこう呼ぶ。**星占いの星座**とも連動している。

春の星座	しし座・おとめ座・てんびん座
夏の星座	さそり座・いて座・やぎ座
秋の星座	みずがめ座・うお座・おひつじ座
冬の星座	おうし座・ふたご座・かに座

※オリオン座は黄道十二宮には含まれない。

　星占いの星座は、自分の生まれ月の星座の位置に太陽が来た時に合わせて設定されている。そのため実際に夜空に見える星座は、生まれ月の星座とは正反対の位置にあることになる。

　例　6月生まれ＝「ふたご座」→さそり座が観測できる。

📊 図で理解しよう！

真夜中に南にくる黄道十二宮の星座

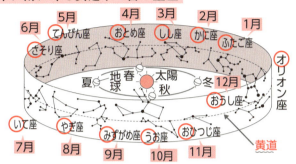

📖 関連事項を学んでおこう！

地球の公転の動き

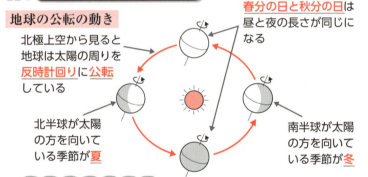

北極上空から見ると地球は太陽の周りを<u>反時計回り</u>に<u>公転</u>している

北半球が太陽の方を向いている季節が<u>夏</u>

春分の日と秋分の日は昼と夜の長さが同じになる

南半球が太陽の方を向いている季節が<u>冬</u>

暗記のコツはコレだ！

★黄道十二宮は太陽の通り道（<u>黄道</u>）にある星座のこと。

★オリオン座の三つ星は春分の日と秋分の日の太陽の通り道（<u>天の赤道</u>）と同じところを通る。

★地球は太陽の周りを<u>反時計回り</u>に<u>公転</u>している。

★星占いの星座と夜空に見える星座は<u>正反対の位置</u>にある。

天体

サソリの心臓アンタレス

さそり座の心臓（しんぞう）の位置にあって赤いアンタレス

おうしの赤い目アルデバラン

おうし座の目の位置にあって赤い(オレンジ)アルデバラン

学習のポイント！ ▶

星座（せいざ）のかたちは自分で1回ノートに書いてみると覚えやすいぞ！

さそり座 　夏の代表的な星座。 　**地平線**に近い位置にある。 　心臓の位置にある1等星 　**アンタレス**が有名。 　「さそりの心臓＝赤」と 　イメージして覚えると 　よい。	 アンタレス
おうし座 　冬の代表的な星座。 　**オリオン座の右上**にある。 　**オレンジ色**の1等星 　**アルデバラン**が有名。 　「おうしの狂った赤い目」 　と暗記するとよい。	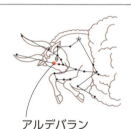 アルデバラン

関連事項を学んでおこう！

星座早見の使い方

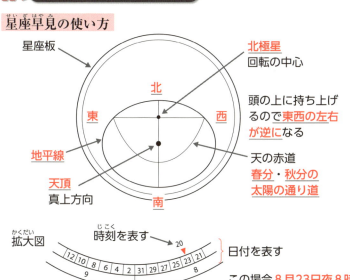

星座板

北極星
回転の中心

北

東　　　西

頭の上に持ち上げるので東西の左右が逆になる

地平線

天頂
真上方向

南

天の赤道
春分・秋分の太陽の通り道

拡大図（かくだい）

時刻（じこく）を表す → 20

日付を表す

| 12 | 10 | 8 | 6 | 4 | 2 | 31 | 29 | 27 | 25 | 23 | 21 |
| 9 | | | | | | 8 | | | | | |

この場合8月23日夜8時の星空ということになる

各方位の空の見方

南の空

南

南を下にして持ち上げる

北の空

北

北を下にして持ち上げる

西の空

西

西を下にして持ち上げる

東の空

東

東を下にして持ち上げる

天体

暗記のコツはコレだ！

★さそり座の1等星のアンタレスは赤色。

★おうし座の1等星のアルデバランはオレンジ色。

★星座早見は見たい方位を下にして持ち上げる。

水銀地下にもぐって

水星　金星　地球　火星　木星

どーなってんかい

土星　天王星　海王星　（冥王星は準惑星）

学習のポイント！

惑星（わくせい）	太陽の周りを**公転**する星。自ら光を**発せず**、**太陽の光を反射**して夜空に輝く。内惑星（ないわくせい）が外惑星（がいわくせい）を追い抜（ぬ）くとき、他の天体の動きとは明らかに違（ちが）う動きをする（**逆行現象**（ぎゃっこうげんしょう））ため、「航海者を**惑わす星**（まど）」として「惑星」という名がついた。
内惑星	地球より**内側**を回る惑星。**明け方**や**夕方**にしか見られない。大きく**満ち欠け**をする。**水星**（すいせい）・**金星**（きんせい）。
外惑星	地球より**外側**を回る惑星。夜中に見ることができる。**火星**（かせい）・**木星**（もくせい）・土星（どせい）など。
地球型惑星（ちきゅうがたわくせい）	**固い地面**（地殻）（ちかく）を持つ惑星。水星・**金星**・地球・**火星**（かせい）がこれにあたる。
木星型惑星（もくせいがたわくせい）	固い地殻（ちかく）を持たない**巨大ガス状**の惑星。**リングと多数の衛星**（えいせい）を持つ。**木星**・土星。
天王星型惑星（てんのうせいがたわくせい）	**巨大**（きょだい）**な氷の惑星**のこと。天王星・海王星（かいおうせい）がこれにあたる。天王星は地軸が90度傾いた横倒しの状態で公転している。

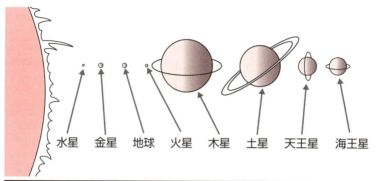

水星　金星　地球　火星　木星　土星　天王星　海王星

火星	表面は酸化鉄を多く含む岩石におおわれて赤い。北極と南極にはドライアイスがある。フォボスとダイモスという2つの衛星を持つ。
木星	直径は地球の11倍。表面に大赤斑という特徴的な模様がある。リングと60個以上の衛星を持つ。
土星	美しいリングが特徴。60個以上の衛星を持つ。
金星	満ち欠けをすることで有名。

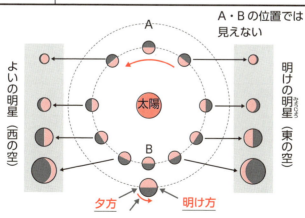

A・Bの位置では見えない

よいの明星（西の空）

明けの明星（東の空）

A

太陽

B

夕方　明け方

天体

月の動き

菜の花や
月は東に　日は西に

満月が東の空に出てくるときに日は西に沈む

＊　月の運動は与謝蕪村の俳句で覚えよう。

月の満ち欠け	太陽・地球・月の位置関係によって、月の見かけ上のかたちが変わって見える現象。 満月から次の満月までは約 **29.5日** かかる。 月の**公転周期**（地球の周りを回る周期）は約 **27.3日**。

図で理解しよう！

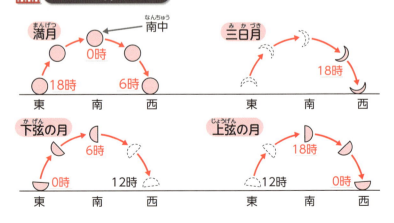

入試「これだけは！」

月の満ち欠けの問題は非常（ひじょう）によく出る。しっかりとマスターしておこう！

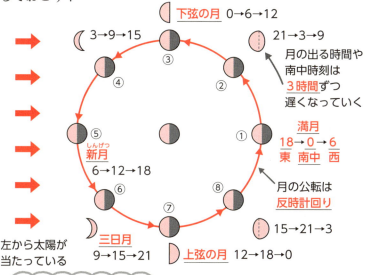

下弦の月 0→6→12

3→9→15

③

21→3→9

月の出る時間や南中時刻は**3時間**ずつ遅くなっていく

②

①

満月
18 → 0 → 6
東　南中　西

新月（しんげつ）
6→12→18

⑤

④

月の公転は**反時計回り**

⑥

⑧

⑦

三日月
9→15→21

上弦の月 12→18→0

左から太陽が当たっている

天体

暗記のコツはコレだ！

- ★月の公転周期は <u>27.3 日</u>である。
- ★月の自転周期も <u>27.3 日</u>で、公転周期と同じであるため、常に<u>同じ面</u>を地球に向けている。
- ★月の満ち欠けの周期は <u>29.5 日</u>である。
- ★満月（まんげつ）は<u>夕方6時</u>に東から昇（のぼ）り、<u>真夜中0時</u>に南中し、<u>明け方6時</u>に西に沈（しず）む。
- ★三日月（みかづき）は<u>夕方6時</u>から2時間ほどしか観測できない。
- ★下弦（かげん）の月は<u>真夜中0時</u>に東から昇り<u>朝6時</u>に南中する。
- ★上弦（じょうげん）の月は<u>夕方6時</u>に南中し<u>真夜中0時</u>に西に沈む。

月食と日食

月食は月ではなく地球が主役
月食の時は真ん中に地球が来る

日食は太陽ではなく月が主役
日食の時は真ん中に月が来る

学習のポイント！

月　食	太陽・地球・月の順番に並び、地球の影に月が入り込むことによって起こる現象。 月食が起こるときの月は必ず満月。 月食を観測できる時間は３～４時間と比較的長いのが特徴。 月食は夜ならばどこでも観測できる。
日　食	北半球では月の左側から欠けていく。 太陽・月・地球の順番に並び、太陽の手前に月が入り込むことによって起こる現象。 日食が起こるときの月は必ず新月。 日食を観測できる時間は比較的短い。特に皆既日食は数分間しか観測できない。 北半球では太陽の右側から欠けていく。

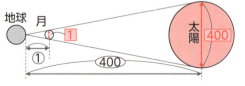

地球　月

1

①

太陽　400

①

400

太陽と月は大きさと距離の比率がほぼ同じなため、見かけの大きさがほぼ同じになる

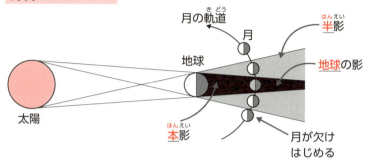

図で理解しよう！

月食のメカニズム

月の軌道

月

半影（はんえい）

地球

地球の影

太陽

本影（ほんえい）

月が欠け
はじめる

日食のメカニズム

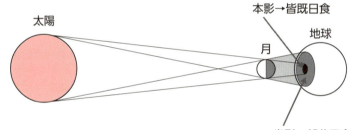

太陽

本影→皆既日食

月

地球

半影→部分日食

※地球が月から少し離れると金環日食になることもある。

月食と日食の欠け方

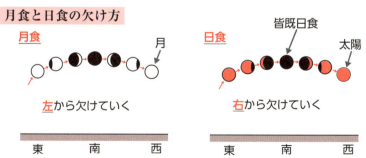

月食

月

左から欠けていく

東　南　西

日食

皆既日食

太陽

右から欠けていく

東　南　西

天体

太陽の南中高度の求め方

春分・秋分

南中高度の計算方法は、春分・秋分の日は

北緯(ほくい)引け！

90度からその場所の北緯(緯度)を引いて求める

学習のポイント！

太陽の南中高度(なんちゅうこうど)

太陽の南中高度は季節によって変化する。
夏至(げし)の日が最も高く、冬至(とうじ)の日が最も低くなる。

重要！

太陽の南中高度の求め方

春分・秋分の日　＝90度－その地点の北緯(ほくい)(緯度(いど))

夏至の日　　　　＝90度－その地点の北緯＋23.4度

冬至の日　　　　＝90度－その地点の北緯－23.4度

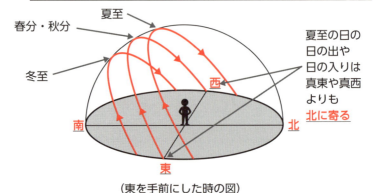

春分・秋分　　夏至

冬至

西

南　　　　　　　　　　　　　　　　北

東

夏至の日の
日の出や
日の入りは
真東や真西
よりも
北に寄る

（東を手前にした時の図）

関連事項を学んでおこう！

世界の太陽の動き（A…春分・秋分、B…夏至、C…冬至）

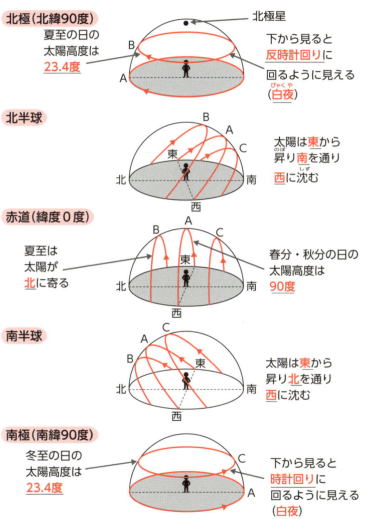

北極（北緯90度）

夏至の日の
太陽高度は
23.4度

北極星

下から見ると
反時計回りに
回るように見える
（**白夜**）

B

A

北半球

B
A
C
東
北　　　　　　　南
西

太陽は**東**から
昇り**南**を通り
西に沈む

赤道（緯度0度）

夏至は
太陽が
北に寄る

B
A
C
東
北　　　　　　　南
西

春分・秋分の日の
太陽高度は
90度

南半球

C
A
B
東
北　　　　　　　南
西

太陽は**東**から
昇り**北**を通り
西に沈む

南極（南緯90度）

冬至の日の
太陽高度は
23.4度

C
A

下から見ると
時計回りに
回るように見える
（**白夜**）

天
体

天体
10

太陽の南中時刻の求め方

南中時刻は

南中時刻を計算する時は

足して2で割れ！

日の出の時刻と日の入りの時刻を足して2で割る

▶ **学習のポイント！**

太陽の南中時刻

太陽の南中時刻は地点によって変わる。
正午に南中するのは兵庫県明石市。
明石市は日本標準時子午線（東経 135 度）が通る。

問題

　ある日の東京における日の出の時刻は6時38分、日の入り
の時刻は17時14分でした。この日の東京における南中時刻
を求めなさい。

解答

$$
\begin{array}{r}
6:38 \\
+\ 17:14 \\
\hline
\end{array}
$$

÷2
23：52
11.5：26

↓

0.5 時間は 30 分にあたるので、26 分に
30 分をたして 56 分とする。　　　南中時刻：11:56

重要！

太陽の南中時刻＝（日の出の時刻＋日の入りの時刻）÷2

🟥 計算問題に強くなろう！

場所によって南中時刻にはズレが生じる。

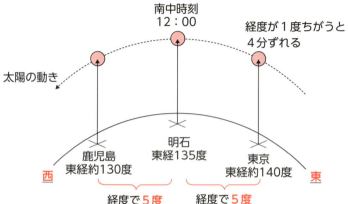

東京　での南中時刻＝12：00－**4分**×5度＝11：40
鹿児島での南中時刻＝12：00＋**4分**×5度＝12：20

🟦 関連事項を学んでおこう！

棒を立てると影ができる。その影の動きは
季節によって変化する。

冬至
太陽高度が**低い**
ため影の長さが
最も**長く**なる

春分・秋分
影の先端は東西
方向と平行に
西から東へ動く

夏至
太陽高度が**高い**
ため影の長さが
最も**短く**なる

天体

息（空気）は上から

ガスバーナーは上が空気調節ネジ

おなら（ガス）は下から

下（ガスの元栓に近い方）がガス調節ネジ

学習のポイント！

① 安全のためにガス調節ネジ・空気調節ネジが閉じているかを確かめる。

② ガスの元栓を開ける。

③ マッチの火を斜め下から近づけ、ガス調節ネジを左に回して開く。

④ 空気調節ネジを左に回して開き炎の色を調節する。
正常な炎の色は青。

上
下

⑤ 火を消す時はつける時と逆の手順でおこなう。
空気調節ネジ→ガス調節ネジの順番に閉じる。
最後にガスの元栓を閉めるのを忘れずに！

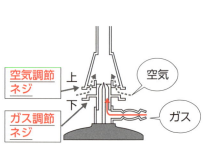

空気調節ネジ
上
下
ガス調節ネジ
空気
ガス

関連事項を学んでおこう！

アルコールランプの使い方

マッチを横から近づけて火をつける
アルコールは<u>八分目</u>

炎の<u>半分</u>が金網にあたるようにアルコールランプの高さを調節する

火を消す時はふたを<u>横</u>からかぶせる
その後、一度ふたを開けてから再び閉める

試験管の使い方

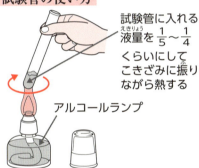

試験管に入れる液量を $\frac{1}{5}$〜$\frac{1}{4}$くらいにしてこきざみに振りながら熱する

アルコールランプ

メスシリンダーの使い方

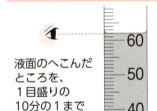

液面のへこんだところを、
1目盛りの10分の1まで読み取る

60
50
40

ろ過の手順

ろ紙

4つに折る

ろうとの形に開く

1cmぐらい下げる

ろうとにはめる

水で湿らせる

ガラス棒を伝わらせて入れる

ガラス棒の先はろ紙の折り重なったところにつける

ろうとの足はビーカーの壁につける

化学

木の蒸し焼き

ぼくたんガス出た〜ら

木の蒸し焼き　木炭　木ガス　木タール

もーくさくてたまらん

木酢液(もくさくえき)

学習のポイント！

木の蒸し焼きで発生するもの

① 木ガス……白いけむり（気体）。水素をふくんでいるため、火をつけると燃える。

② 木さく液…うす黄色の液体。酸性を示す。

③ 木タール…黒っぽいねばりけのある液体。

④ 木炭………最後に残る黒い固体で、炭素からできている。火をつけると炎を出さずに燃える。

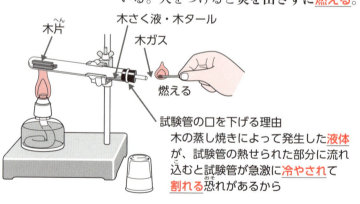

木片

木さく液・木タール

木ガス

燃える

試験管の口を下げる理由
木の蒸し焼きによって発生した液体が、試験管の熱せられた部分に流れ込むと試験管が急激に冷やされて割れる恐れがあるから

ろうそくについても、入試必出なので確認しておこう！

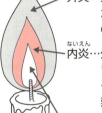

外炎…炎の最も外側にあるため、新しい**酸素**が常に供給され完全燃焼している。そのため温度が最も**高い**（約1400度）。

内炎…外炎の内側にあるため新しい**酸素**があまり供給されず、不完全燃焼している。そのため**炭素**の粒が残っていてそれが熱せられて明るく輝いている。

炎心…炎の一番内側にあるため、**ろう**の気体がまだあまり燃えていない。そのためガラス管を差し込むと白いけむり（ろうの気体）が出てきて、気体に火をつけると**燃える**。

すす（炭素）

火をつけると燃える

水で湿らせた木を炎に差し込む

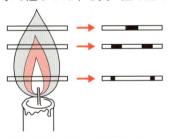

最も温度の高い「**外炎**」の部分だけが黒くこげる

鉄の棒を炎に差し込む

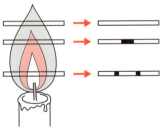

すす（炭素の粒）がたくさん残っている「**内炎**」の部分だけが黒くなる

化学

化学

3

酸素の発生

起きたら（母さん）

オキシドール（過酸化水素水）

兄さんマンガをさがす

二酸化マンガン　酸素発生

学習のポイント！

酸　素	無色透明でにおいのない気体。空気中に**約20%**含まれる。**水に溶けにくく**、ものが燃えるのを助けるはたらき（助燃性）がある。**オキシドール**（過酸化水素水）と**二酸化マンガン**を反応させると酸素が発生する。

図で理解しよう！

酸素の発生

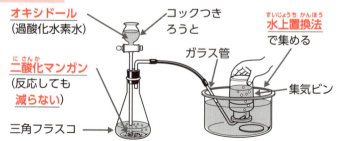

オキシドール
（過酸化水素水）

コックつき
ろうと

水上置換法
で集める

ガラス管

二酸化マンガン
（反応しても
減らない）

集気ビン

三角フラスコ →

関連事項を学んでおこう！

二酸化炭素の特徴

・うすい**塩酸**に**石灰石**を反応させると発生する。

・石灰石の代わりに**貝がら**や**大理石**などが使える。

・冷やすと水によく溶け、**炭酸水**となる。

・集める時は**下方置換法**か**水上置換法**を使う。

・**無臭**・**無色透明**で空気の約 **1.5 倍**の重さ。

・二酸化炭素を凍らせると**ドライアイス**となる。

・**石灰水**（水酸化カルシウム水溶液）に通すと**白くにごる**。

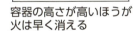

水酸化カルシウム＋炭酸ガス→**炭酸カルシウム**

（水に溶けないため
水溶液が**白くにごる**）

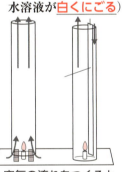

密閉した容器の中で
ものを燃やすと
二酸化炭素が発生し
火が消える

容器の高さが高いほうが
火は早く消える

空気の流れをつくると
火は消えにくくなる

暗記のコツはコレだ！

★**オキシドール**（過酸化水素水）と**二酸化マンガン**を反応
させると**酸素**が発生する。

★二酸化マンガンは反応しても**減らない**（**触媒**という）。

★**酸素**にはものが燃えるのを助けるはたらきがある。

化学

金魚さん

金属と酸(塩酸・硫酸など)

水槽から出る

水素が発生する

学習のポイント！

水　素	無色透明でにおいがない。全ての物質の中で最も軽い。 鉄や亜鉛などの金属に塩酸や硫酸などの酸性の水溶液を反応させると発生する。 水に溶けにくいため、水上置換法を用いて集める。

※金・銀・銅は塩酸には溶けない。

両性金属	アルミニウムのように酸性の水溶液にもアルカリ性の水溶液にも溶ける金属のこと。亜鉛も両性金属で、熱した濃いアルカリ性の水溶液に溶ける。

塩酸	+	アルミニウム	→	水素発生	+	塩化アルミニウム
水酸化ナトリウム水溶液	+	アルミニウム	→	水素発生	+	アルミン酸ナトリウム

さまざまな気体

アンモニア	塩化アンモニウムと水酸化カルシウムを混ぜて試験管に入れ、熱すると発生する気体。空気より軽く水に非常に溶けやすいため、上方置換法で集める。鼻を刺すような刺激臭がある。
ちっ素	無臭・無色透明で空気よりわずかに軽い。空気中に約80%ふくまれる。非常に安定した気体で化学反応を起こしにくい。これを不活性ガスという。他に不活性ガスとして、電球の中に入っているアルゴンがある。
塩　素	黄緑色で鼻を刺すような刺激臭がある。水に溶けやすく、水溶液は酸性となる。殺菌作用があるので、水道水にも少し加えている。プールの水を殺菌するのにも使われる。漂白剤のはたらきがあり、洗剤にも入っている。
塩化水素	水に非常によく溶け、水溶液は塩酸と呼ばれる。無色で鼻を刺すようなにおいがある。

暗記のコツはコレだ！

★塩酸とアルミニウムを反応させると水素が発生する。

★アルミニウムと亜鉛は、酸性の水溶液にもアルカリ性の水溶液にも溶ける両性金属である。

★金・銀・銅は、塩酸には溶けない（メダルの色）。

★塩化水素が水に溶けたものが塩酸である。

★アンモニアは刺激臭があり空気より軽く、水によく溶ける。

化学

電流を流さない水溶液

正常な朝に

精製水(蒸留水)　アルコール水溶液　砂糖水

電気がつかない

でんぷん　電流が流れない(豆電球がつかない)

学習のポイント！

電解質	水溶液にすると電流が流れるようになる物質。食塩や塩化銅・水酸化ナトリウムなどは、固体の時には電流が流れないが水に溶けると電流が流れるようになる。塩酸や硫酸など気体が溶けたものも電流が流れる。アンモニア水や酢酸の水溶液なども微量ではあるが、電流を流す。
非電解質	水溶液にしても電流が流れない物質のこと。精製水(蒸留水)・アルコール水溶液砂糖水・デンプン・石油など。

※水溶液の濃度が濃くなればなるほど、また水溶液の温度が高くなればなるほど、電流がよく流れる。

※酸性の水溶液とアルカリ性の水溶液は全て電流が流れる。中性の水溶液は、食塩水のように電流が流れるものと、砂糖水のように電流が流れないものとがある。

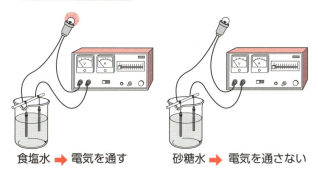

食塩水 ➡ 電気を通す　　砂糖水 ➡ 電気を通さない

図で理解しよう！

関連事項を学んでおこう！

水の電気分解

　純すいな水はほとんど電流が流れないので、水酸化ナトリウムを水に溶かして、右のような装置を使って電気分解をおこなう。

　すると、＋極側に<u>酸素</u>が、－極側に<u>水素</u>が発生する。このときの酸素と水素の体積の割合は

　　酸素：水素＝<u>1：2</u>　となる。

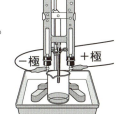

水素　　酸素　　－極　　＋極

暗記のコツはコレだ！

★水に溶けると電流が流れる物質を<u>電解質</u>という。

★酸性の水溶液やアルカリ性の水溶液は<u>電流が流れる</u>。

★水に溶けても電流が流れない物質を<u>非電解質</u>という。

★<u>塩酸・水酸化ナトリウム水溶液</u>はよく電流が流れる。

★<u>アンモニア水・酢酸</u>水溶液はあまり電流が流れない。

★<u>砂糖水・アルコール・精製水</u>などは電流が<u>流れない</u>。

化学

酸性・中性・アルカリ性

ビリーが歩いて

BTB溶液とリトマス試験紙はアルカリ性で

青くなる

青く変化する

学習のポイント！

酸性（さんせい）	**青色リトマス紙**を**赤色**に変える水溶液。なめられるものは**すっぱい味**がする。
中性（ちゅうせい）	**リトマス紙**を変化させない水溶液。
アルカリ性	**赤色リトマス紙**を**青色**に変える水溶液。なめられるものは**にがい味**がする。

表にまとめよう！

	酸性	中性	アルカリ性
リトマス試験紙	青→赤	変化ナシ	赤→青
BTB溶液（ようえき）	黄	緑	青
フェノールフタレイン液	透明	透明	赤
ムラサキキャベツ液	赤　ピンク	紫	青　緑　黄

絵の具の黄色と青を混ぜると緑になる。

ムラサキキャベツ液のアルカリ性の色変化は、「BTB溶液と色の順番が逆」と覚える。

いろいろな水溶液

塩　酸	塩化水素という気体が水に溶けた酸性の水溶液。石灰石と反応して二酸化炭素を発生させる。金属とも反応して水素を発生させる。
炭酸水	二酸化炭素が水に溶けたもの。弱酸性を示す。石灰水と混ぜると白くにごる。
お　酢	酢酸という液体が溶けている。すっぱいにおいがする酸性の水溶液。
過酸化水素水（オキシドール）	過酸化水素という液体が水に溶けた水溶液で、弱酸性を示す。二酸化マンガンと反応して酸素を発生させる。
食塩水	食塩が溶けている中性の水溶液。
アルコール水溶液	アルコール（液体）が溶けている中性の水溶液。
砂糖水	砂糖が溶けている中性の水溶液。電気を通さない（非電解質）。
水酸化ナトリウム水溶液	水酸化ナトリウムという白い固体が溶けているアルカリ性の水溶液。アルミニウムと反応して水素を発生する。
アンモニア水	アンモニアという気体が溶けているアルカリ性の水溶液。鼻を刺す刺激臭がある。
石灰水	消石灰（水酸化カルシウム）という白い固体が溶けているアルカリ性の水溶液。二酸化炭素と反応して白くにごる。
重そう水	炭酸水素ナトリウム（重そう）という白い固体が水に溶けた弱アルカリ性の水溶液。ベーキングパウダーなどの食品添加物や農薬などとして幅広く使用されている。

化学

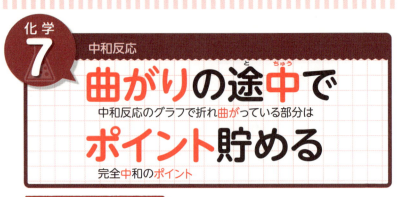

曲がりの途中で

中和反応のグラフで折れ曲がっている部分は

ポイント貯める

完全中和のポイント

学習のポイント！

中和のグラフは2パターン

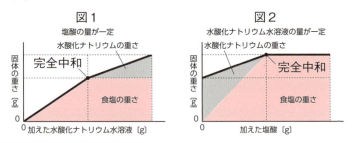

図1
塩酸の量が一定
水酸化ナトリウムの重さ
固体の重さ〔g〕
完全中和
食塩の重さ
0
加えた水酸化ナトリウム水溶液〔g〕

図2
水酸化ナトリウム水溶液の量が一定
水酸化ナトリウムの重さ
固体の重さ〔g〕
完全中和
食塩の重さ
0
加えた塩酸〔g〕

中和反応の分子モデル図

塩素 水素 ＋ 酸素 水素 ナトリウム → 塩素 ナトリウム ＋ 酸素 水素 水素

塩酸　　水酸化ナトリウム　　　塩化ナトリウム　　　水
　　　　　　水溶液　　　　　　　（食塩）

中和反応では「完全中和のポイント」を読み取る。

図1では完全中和後に残る物質は食塩と水酸化ナトリウムの2種類。

図2では完全中和後に残る物質は、食塩のみ。

計算問題に強くなろう！

塩酸20 cm^{3}に水酸化ナトリウム水溶液を混ぜていき、水分を蒸発させてあとに残った固体の重さを調べると、次のようなグラフとなった。

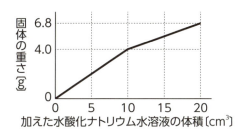

①塩酸20 cm^{3}と過不足なく反応する水酸化ナトリウム水溶液の量は何cm^{3}か。

→「**完全中和のポイント**」を読み取り10 cm^3

塩酸20 cm^{3}と水酸化ナトリウム水溶液20 cm^{3}を混ぜたのち水を蒸発させると後に何が何gずつ残るか。

→ 学習のポイント！　　図1から考えて
食塩が4.0 g、水酸化ナトリウムの固体が2.8 g

②塩酸80 cm^{3}と水酸化ナトリウム水溶液100 cm^{3}を混ぜたのち水を蒸発させると後に何が何gずつ残るか。

→まず完全中和を考える。塩酸80 cm^{3}と完全中和する
水酸化ナトリウム水溶液は40 cm^{3}なので、このときできる
食塩は4.0 × 4 = 16.0 g
中和のあと水酸化ナトリウム水溶液は60 cm^3
残るので、水を蒸発させると2.8 g × 6 = 16.8 gの
水酸化ナトリウムの固体ができる。
よって食塩が16.0 g、水酸化ナトリウムの固体が16.8 g

化学

溶解度と飽和水溶液

表を駆使して
溶解度の問題は表を使って
妖怪バイバイ
数値を倍々にして解く

学習のポイント！

飽和水溶液	これ以上溶けないという**限度まで**物質を水に**溶かした**水溶液のこと。
溶解度	一定量の水に溶かすことのできる物質の**最大量**のこと。**温度により変化**する。
ろ過	水溶液中に溶けきれなくなり出てきた物質（**結晶**）を取り出す方法。**ろ紙**を使う。
再結晶	物質は水の温度を上げると溶ける量も増える。逆に水の温度を下げると溶ける量が減るので、**溶けきれなくなり**結晶化した物質を取り出すことができる。これを**再結晶**という。

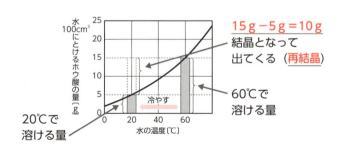

15g－5g＝10g
結晶となって
出てくる（再結晶）

60℃で
溶ける量

水100cm³にとけるホウ酸の量〔g〕

冷やす

水の温度〔℃〕

20℃で
溶ける量

　次の表は、水100gに溶かすことのできる物質の量を
あらわしている。

水の温度〔℃〕	0	10	20	30	40	50	60	70	80	90	100
ホウ酸の量〔g〕	2.8	3.5	5.0	6.7	9.0	11.6	15.0	18.8	23.5	29.6	38.0
食塩の量〔g〕	35.6	35.7	35.8	36.0	36.3	36.7	37.1	37.5	38.0	38.6	39.3

①60℃の湯100gにホウ酸を溶けるだけ溶かし、温度を
　20℃に下げると、何gのホウ酸が再結晶化するか。
　→15.0g－5.0g＝10.0g

②80℃の湯100gに食塩を30.0g溶かしました。この
　水溶液にはあと何gの食塩を溶かすことができるか。
　→38.0g－30.0g＝8.0g

③20℃の水300gにホウ酸を27.0g溶かしたところ溶け
　残りが出た。水温を何℃以上にすれば全部溶けるか。
　→表の数値を3倍して考える。40℃以上

④80℃の湯300gに食塩を溶かせるだけ溶かし、温度を
　30℃に下げると、何gの食塩が再結晶化するか。
　→　（38.0g－36.0g）×3＝6.0g
　　※水量が2倍・3倍になると溶ける量も2倍・3倍になる

図で理解しよう！

様々な物質の結晶

食塩
立方体に
近い形

ミョウバン
正八面体に
近い形

ホウ酸
六角柱に
近い形

硝酸カリウム
棒状の結晶

硫酸銅
平行四辺形

化学

9

水溶液のこさ

農園見まわる

食塩水の濃度計算は

全体100人

食塩の重さ÷食塩水全体の重さ×100

濃度＝物質の重さ（g）÷水溶液全体の重さ（g）×100

水溶液の重さは水だけの重さに溶かす物質の重さを加えたものを指す。

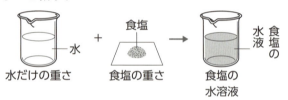

水だけの重さ ＋ 食塩の重さ → 食塩の水溶液

計算問題に強くなろう！

①水80gに食塩を20g加えると何％の食塩水となるか。

→20g÷（80g＋20g）×100＝20％

②20％の食塩水200gに4％の食塩水300gを混ぜると何％の食塩水となるか。

→20％の食塩水200g中の食塩は200×0.2＝40g

4％の食塩水300g中の食塩は300×0.4＝120g

（40g＋120g）÷（200g＋300g）×100＝32％

食塩の総量　　　　　水の総量

化学
10
熱の移動と温度の変化

温水かけあう
上昇温度(℃)と水量(g)をかけると
カロリーナ
熱量(カロリー)が出る

学習のポイント！

熱量計算

水量(g)×上昇温度(℃)＝熱量(カロリー)

例：200gの水をあたため、50℃を80℃にする。

　　→200g×30℃＝6000カロリー

計算問題に強くなろう！

　80℃のお湯が150g入ったビーカーBの中に、20℃の水が50g入ったビーカーAを入れる。

図1
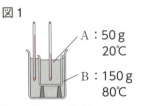
A：50g
20℃

B：150g
80℃

図2
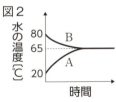
水の温度(℃)

80
65
20

B

A

時間

Aが受け取った熱量＝　50g×45℃＝2250カロリー

Bが失った熱量＝150g×15℃＝2250カロリー

※Aが受け取った熱量とBが失った熱量は同じ。

物理 1

豆電球の明るさ

閉会しても

豆電球を並列にしても乾電池を並列にしても

変わらず明るい

豆電球の明るさは変わらない

学習のポイント！

直列つなぎ	電流の通る道すじが、枝分かれせず1つの輪になるようにつなぐつなぎ方。 **乾電池を直列**に2個・3個……とつなぐと電流の強さが2倍・3倍……となり、豆電球は**明るく**なっていく。このとき乾電池の減り方は1個のときとあまり変わらない。 **豆電球を直列**に2個・3個……とつなぐと電流の強さが$\frac{1}{2}$倍・$\frac{1}{3}$倍……となり、豆電球は**暗く**なっていく。このとき乾電池の減り方は1個のときとあまり変わらない。
並列つなぎ	電流の通る道すじが、枝分かれするようにつなぐつなぎ方。 **乾電池を並列**に2個・3個……とつないでも豆電球の明るさは**変わらない**。乾電池は長持ちする。 また**豆電球を並列**に2個・3個……とつないでも、豆電球の明るさは変わらない。このとき乾電池の減り方は速くなる。

🏛 ⊠で理解しよう！

　右の図のような豆電球1個・乾電池1個の
回路を基本形として、流れる電流の強さを次
のように①とする。

　すると、以下のようなつなぎ方での豆電球
に流れる電流の強さは次のようになる。

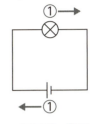

乾電池の<u>直</u>列
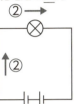

豆電球の<u>直</u>列
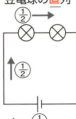

乾電池の<u>並</u>列
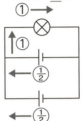

豆電球の<u>並</u>列
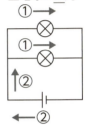

乾電池の<u>直</u>列
豆電球の<u>直</u>列
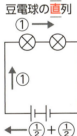

乾電池の<u>並</u>列
豆電球の<u>直</u>列
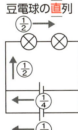

乾電池の<u>直</u>列
豆電球の<u>並</u>列
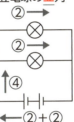

乾電池の<u>並</u>列
豆電球の<u>並</u>列
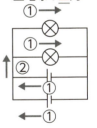

📕📗 関連事項を学んでおこう！

　電流計は<u>直</u>列につなぎ、<u>5Aの端子</u>から使
用する。これは電流計に大きな電流が流れる
と、<u>電流計がこわれることがあるから</u>である。

　1A（アンペア）＝<u>1000</u>mA（ミリアンペア）

物理

右手で握って

右手で電流の向きに指を合わせて握った時に

親はエヌ（N）

親指が向いた方がN極

学習のポイント！

磁界	磁石の周囲には**磁力**が発生し、磁力のはたらく空間を**磁界**という。
磁力線	方位磁針のN極が指す向きを**磁力の向き**とすると、磁力は磁石のN極から出てS極に向かうこの曲線を**磁力線**という。
コイル	円筒形のものに導線を何回も巻きつけたものを**コイル**という。
電磁石	コイルに電流を流すと磁石のはたらきをするようになる。これを**電磁石**という。このときのN極は、**電流の向きに合わせてコイルを握ったときの親指の指す方向**となる。

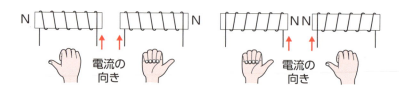

📊 **図で理解しよう！**

電流と磁界の関係は「右手握り」で覚えるとよい。

電流のまわりの磁力線の向き　　**コイルがつくる磁力線の向き**

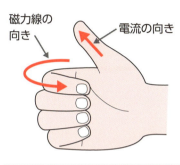
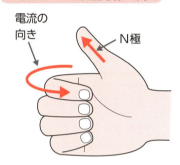

導線の上下に置いた方位磁針の振れる向き

　導線の上や下に導線を置くと方位磁針が左右に振れる。

　磁針の振れる向きは、右手を開いて手のひらと方位磁針で導線をはさむようにして置いた親指の向きになる。

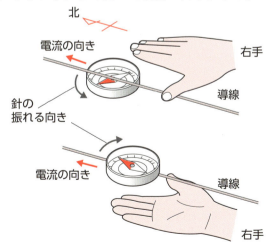

長・てい・水

電熱線の長さや抵抗値、温める水の量と

上昇温度は反比例

水の上昇温度は反比例の関係になる

- 電流量と水の上昇温度→比例する
- 電熱線の太さと水の上昇温度→比例する
- あたため時間と水の上昇温度→比例する
- 電熱線の長さと水の上昇温度→反比例する
- 抵抗の大きさと水の上昇温度→反比例する

計算問題に強くなろう！

図1の電熱線で水を温め、温度が6℃上昇したとき

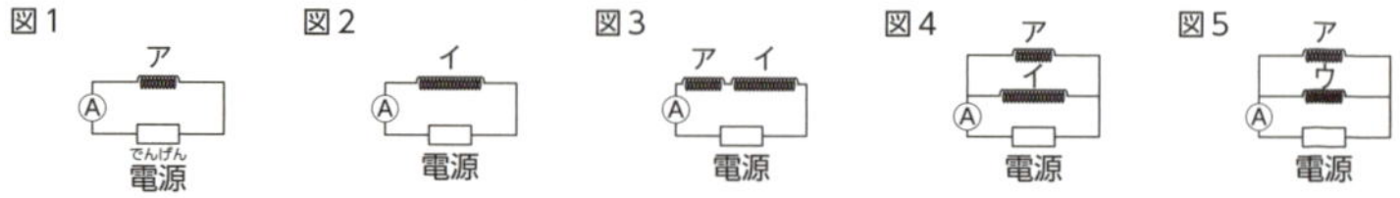

図1 図2 図3 図4 図5

ア 長さ5cm 太さ2mm²　　イ 長さ10cm 太さ2mm²　　ウ 長さ5cm 太さ6mm²

$$図2 = 6℃ \times \frac{1}{2} = 3℃ 上昇$$

$$図3 = 6℃ \times \frac{1}{3} = 2℃ 上昇$$

$$図4 = 6℃ + 6℃ \times \frac{1}{2} = 9℃ 上昇$$

$$図5 = 6℃ + 6℃ \times 3 = 24℃ 上昇$$

※時間2倍なら上昇温度×2　　水量2倍なら上昇温度×$\frac{1}{2}$

LEDは

発光ダイオード(LED)には+極と−極があるので

矢印の向き!(イメージ)

記号の矢印のイメージで回路につなぐ

学習のポイント！▷

- 発光ダイオードには+極と−極がある。そのため+極同士をつながないと発光ダイオードは光らない。
- 発光ダイオードは豆電球に比べて小電力で光らせることができ、熱もあまり発生させない。

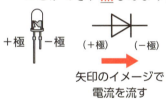

+極　−極　（+極）　（−極）

矢印のイメージで
電流を流す

関連事項を学んでおこう！

火力発電のしくみ

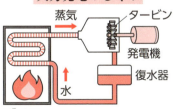

蒸気　タービン

発電機

復水器

水

ボイラー

水力発電のしくみ

ダム　発電機　送電線

取水口

水圧管　水車　放水路

物
理

海の底には

光が水中に入る時や出る時は

まものがひそむ(イメージ)

海底の魔物に引き寄せられるように屈折する

学習のポイント!

光の屈折	光は同じ物質の中や真空中では**直進する**性質があるが、違う物質の中に入る時は、**その境目で折れ曲がって進む**。ただし、違う物質に**垂直**に入る場合は屈折せずに直進する。

入試「これだけは!」

空気と水の境目での光の屈折

　空気と水の境目では、海の底にすむ魔物に光が引き寄せられるイメージで覚えるとよい。

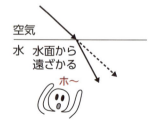

空気

水　水面から
　　遠ざかる

ホ〜

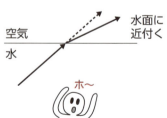

空気

水

水面に
近付く

ホ〜

ガラスと空気の境目

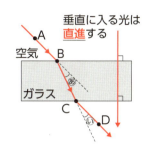

垂直に入る光は**直進**する

ガラスと空気の境目でも水面での屈折と同じように屈折する。

右図の場合、あ＝い なので、ABとCDは**平行**になる。

関連事項を学んでおこう！

プリズムによる光の分散

ガラスでできた三角柱（プリズム）に日光を当てると**7**色に分かれて出てくる。これはそれぞれの色の光が屈折する時の屈折率が違うために起こる現象である。

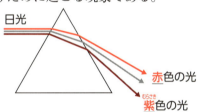

プリズム

日光

赤色の光

紫色の光

雨上がりに見られる虹もこれと同じ原理で起こる。

上から「せき・とう・おう・りょく・せい・らん・し」（**赤**・橙（だいだい色）・黄・緑・青・藍（あい色）・**紫**）と覚える。

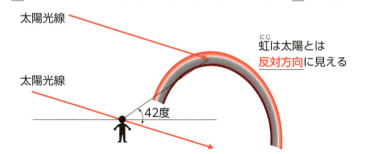

太陽光線

虹は太陽とは**反対方向**に見える

太陽光線

42度

物理

凸レンズと像

塾へ行こうと商店通り

軸に平行な光は凸レンズによって屈折して焦点を通る

中心街を直進す

レンズの中心を通る光はそのまま直進する

学習のポイント！

凸レンズ	レンズの中心部分が周りよりも厚くなっているレンズ。**光を集める性質**がある。**虫眼鏡**や**ルーペ**などに用いられる。
焦点	凸レンズによって**光が1点に集まる**点のこと。レンズから焦点までの距離を「**焦点距離**」という。

図で理解しよう！

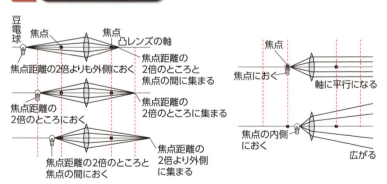

豆電球
焦点　焦点
凸レンズの軸
焦点距離の2倍よりも外側におく
焦点距離の2倍のところと焦点の間に集まる

焦点距離の2倍のところにおく
焦点距離の2倍のところに集まる

焦点距離の2倍のところと焦点の間におく
焦点距離の2倍より外側に集まる

焦点
焦点におく
軸に平行になる

焦点の内側におく
広がる

凸レンズによる像のでき方

① 物体が焦点距離の２倍より遠くにある場合

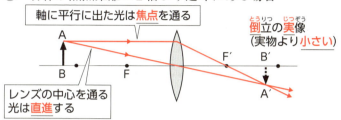

② 物体がちょうど焦点距離の２倍のところにある場合

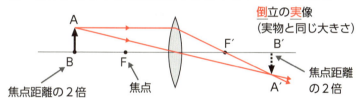

③ 物体が焦点距離の２倍のところと焦点の間にある場合

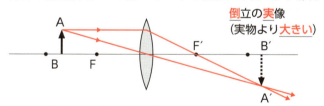

④ 物体が焦点の内側にある場合

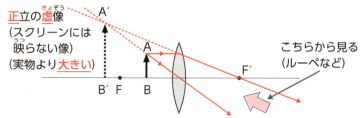

物理 7 音の性質

最短距離で

げんが細い　げんが短い　げんを強く張る

高い音

高い音が出る

学習のポイント!

モノコード	箱の上に一本のげんを張り、げんの張り方や細さや長さを変えて、出る音の高低を調べる装置。 その時のげんと音の関係は、以下の表のようになる。

	げんの太さ	げんの長さ	げんの張り方
高い音	細い	短い	強い
低い音	太い	長い	弱い

オシロスコープ	音の高低や大小を波形で表す装置。

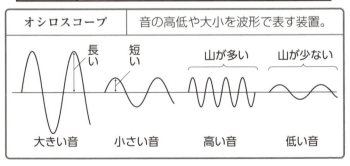

大きい音　　小さい音　　高い音　　低い音

入試「これだけは！」

水の入った試験管を吹く場合

空気が振動する

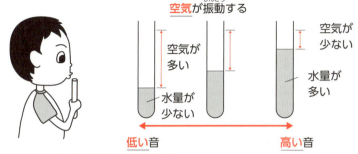

空気が多い
水量が少ない

空気が少ない
水量が多い

低い音 ⟷ 高い音

水の入ったコップをたたく場合

コップ全体が振動する

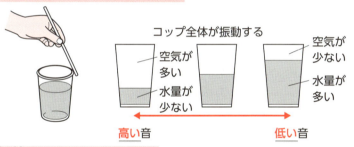

空気が多い
水量が少ない

空気が少ない
水量が多い

高い音 ⟷ 低い音

真空中での空気の伝わり方

・実験手順

① 丸底フラスコに少量の水を入れ、鈴をつけた栓をして水を沸騰させる。

② しばらく湯気を出し火を消した後、ゴム管をピンチコックで留める。

③ フラスコが十分冷えてからフラスコを振って鈴の音が聞こえるかどうか確かめる。

・結果…鈴の音は聞こえない。

→真空中では音は伝わらない。

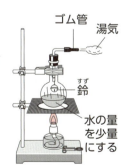

ゴム管　湯気

鈴

水の量を少量にする

物理

物理

8 熱の性質

包帯巻いたよ
放射　対流
伝道師
伝導

学習のポイント！

放　射 （ほう　しゃ）	**赤外線**（せきがいせん）により、物体を**直接熱**する。これを<u>放射</u>という。
対　流 （たい　りゅう）	**あたためられた空気**や液体が軽くなり上に上がり、ぐるぐると回りながら全体をあたためることを<u>対流</u>という。
伝　導 （でん　とう）	熱が金属（きんぞく）などの物体を伝わることを<u>伝導</u>という。金属では<u>銀</u>（ぎん）＞<u>銅</u>（どう）＞<u>アルミ</u>＞<u>鉄</u>（てつ）の順に熱が伝わりやすい。

最初にフラスコの水中に現れる泡（あわ）は水に溶（と）けていた<u>空気</u>

湯気（ゆげ）（小さな水滴（すいてき））

水蒸気（すいじょうき）（見えない）

<u>水蒸気</u>の泡

166

物理

9

力のつりあいとばね

ばねは伸び伸び正比例

ばねののびはおもりの重さに正比例する

自然は大切忘れずに!

全体の長さを出すときは自然長を足すのを忘れない

学習のポイント!

ばねの伸び

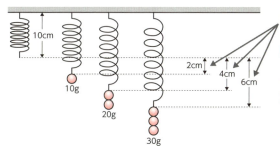

ばねの伸びは
おもりの重さに
比例する

ばね全長の長さは
元の長さ＋伸び

図で理解しよう!

いろいろなつなぎ方とばねにはたらく力

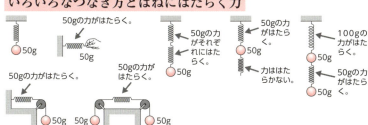

物理

物　理 | 167

太さが一様の重さのないてこのつりあい

大盛かけそば

おもりの重さ×支点からの距離

もう、めんどい!

モーメント(棒を回転させる力)

学習のポイント!

- てこを回転させる力を「**モーメント**」という。
- **モーメント＝支点からの距離×おもりの重さ**
- 棒が**つりあっている**場合、時計回りのモーメントと
  反時計回りのモーメントの**数値の合計は同じ**になる。
- このときの**ばねばかり**の示す値は、つり下がっている
  おもりの重さの合計となる。

図で理解しよう!

棒に重さがない場合のてこのつり合い

反時計回りのモーメント
6cm×120g＝720

ばねばかりの示す値は
120g＋48g＝168g

時計回りのモーメント
15cm×48g＝720

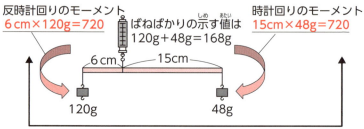

6cm 15cm

120g 48g

つりあっているとき数値は**同じ**

さまざまなてこのつり合い

ばねばかりの示す値を求めなさい。ただし棒に重さはないものとする。

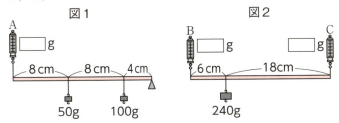

図1では支点が端にあるので、反時計回りのモーメントは

$4\,\mathrm{cm} \times 100\mathrm{g} + \underline{12\mathrm{cm}} \times 50\mathrm{g} = 1000$

支点からの距離に注意

時計回りのモーメントは

$20\mathrm{cm} \times \boxed{}\mathrm{g} = 1000$ → $\boxed{}\mathrm{g} = 1000 \div 20\mathrm{cm} = {}^{\mathrm{A}}\underline{50\mathrm{g}}$

図2では支点がないので**どちらかのばねばかりの下に支点を置いて**考える。Cの下に支点を置いて考えると

反時計回りのモーメントは　$18\mathrm{cm} \times 240\mathrm{g} = 4320$

時計回りのモーメントは

$\boxed{}\mathrm{g} \times 24\mathrm{cm} = 4320$ → $\boxed{}\mathrm{g} = 4320 \div 24\mathrm{cm} = {}^{\mathrm{B}}\underline{180\mathrm{g}}$

ばねばかりC $= 240\mathrm{g} - 180\mathrm{g} = {}^{\mathrm{C}}\underline{60\mathrm{g}}$

逆比を使って解くこともできる。

$6\,\mathrm{cm} : 18\mathrm{cm} = 1 : 3$　→重さの比B：C $= 3 : 1$　（逆比）

240gを3：1に比例配分して$\underline{\mathrm{B} = 180\mathrm{g}}$、$\underline{\mathrm{C} = 60\mathrm{g}}$

物理

いちょうの芽

棒の太さが一様でないてこでは

出ないと坊さんメシかきこむ

一番最初に棒の重さを書き込んで解く

学習のポイント！

　重さ80g、長さ100cmの太さが一様でない棒があります。これを以下のようにつるすと、ばねばかりはそれぞれ何gを示しますか？

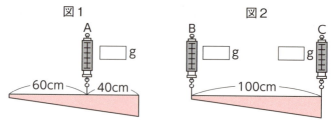

図1　　　　　　　　　　　図2

A　　　　　　　□ g　　　B　□ g　　　□ g　C

60cm　40cm　　　　　　　100cm

　Aには棒の重さがすべてかかるので　A＝80g

　図2については図1のAの位置が**重心**となるので、そこに**棒の重さを書き入れて考える**。

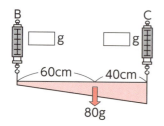

B　　　　　□ g　　　□ g　　　C

60cm　40cm

80g

あとは逆比を使って解く。

　　60cm：40cm＝3：2

重さの比B：C＝2：3（逆比）

　　B＝80g×$\dfrac{2}{2+3}$＝32g

　　C＝80g×$\dfrac{3}{2+3}$＝48g

運動エネルギーと位置エネルギー

集金するのは

ふりこの一往復する時間(周期)は

長さんだけ

ふりこの長さだけで決まり重さや振れ幅は無関係

学習のポイント！

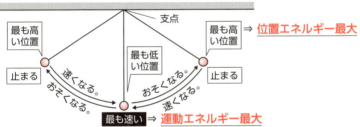

最も高い位置 ⇒ 位置エネルギー最大

最も速い ⇒ 運動エネルギー最大

計算問題に強くなろう！

ふりこの周期は、**ふりこの長さだけ**で決まる。

ふりこの長さ〔cm〕	25	50	75	100	125	150	175	200	225	400
周期〔秒〕	1.0	1.4	1.7	2.0	2.2	2.4	2.6	2.8	3.0	4.0

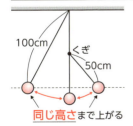

同じ高さまで上がる

周期の求め方

【解法1】**片側ずつ**求める

$(2.0 \div 2) + (1.4 \div 2) = 1.7$秒

【解法2】**平均**で求める

$(2.0 + 1.4) \div 2 = 1.7$秒

物理

ひもの**を割ったら**

動滑車の問題では

どうかしら?

ついている ひもの 本数でおもりの重さを 割って 解く

　動滑車の計算方法では、動滑車が落ちていかないように支えているひもに、**均等に**重さがかかるので、**おもりの重さを**支えている**ひもの本数で割る**と、ひもにかかっている重さが出せる。

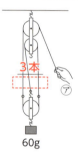

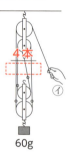

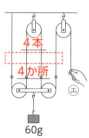

手で引く力の計算方法

㋐＝60g÷ 3 本＝20g 　　㋑＝60g÷ 4 本＝15g

㋒＝60g÷ 5 本＝12g 　　㋓＝60g÷ 4 本＝15g

計算問題に強くなろう！

滑車の場合

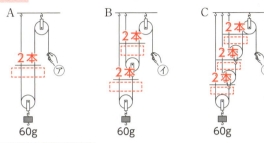

A　B　C

2本　⑦

2本　②

2本　⑦

60g　60g　60g

手で引く力の計算方法

⑦ $= 60g \div 2 本 = 30g$　　② $= 60g \div 2 本 \div 2 本 = 15g$

⑦ $= 60g \div 2 本 \div 2 本 \div 2 本 = 7.5g$

輪軸の場合

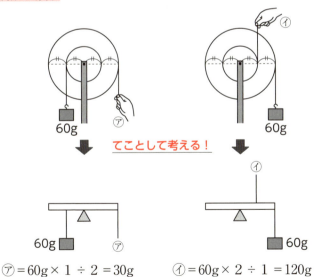

60g　②

60g　②

てことして考える！

60g　⑦

②

60g

⑦ $= 60g \times 1 \div 2 = 30g$　　② $= 60g \times 2 \div 1 = 120g$

物
理

あつりょく ふりょく
圧力と浮力

水風呂入って

水中での浮力は押しのけた水の重さと一致するので

重さは同じ

物体の重さと同じになる

> **学習のポイント！**

圧力(g/cm²) ＝力の大きさ(g)÷力がはたらく面積(cm²)

Aを下にした時の圧力＝60g÷15cm² ＝ **4 g/cm²**

Bを下にした時の圧力＝60g÷10cm² ＝ **6 g/cm²**

Cを下にした時の圧力＝60g÷ 6 cm² ＝ **10 g/cm²**

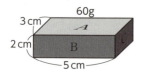

浮力(g)＝ 1 g ×物体の水中部分の体積(cm³)

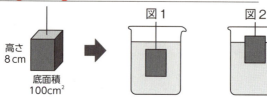

図１のときに物体にかかる浮力＝ 1 ×**800**cm³ ＝ **800**g

図２のときに物体にかかる浮力＝ 1 ×**600**cm³ ＝ **600**g

数値が同じ